견을 빚는 사람들

경찰특공대 실무자가 전하는 특수목적견 훈련지침서

정성범

박영story

프롤로그

우리가 알고 있는 경찰특공대는 무슨 일을 할까?

필자는 2010년 경찰특공대 탐지분야 특채로 입직과에 임용되어 서울경찰특공대 9년, 인천경찰특공대 4년의 근무를 하였고 현직에 재직 중인 경찰관이다.

그동안 대테러 부대인 경찰특공대 탐지견 분야에서 근무를 하며 수많은 임무 수행과 업무를 하며 13년이라는 세월을 보냈고, 탐지견, 크게는 경찰견과 핸들러를 양성, 운영을 하며 많은 것을 느꼈다.

존재는 알고 있지만 쉽게 알 수 없었던, 무슨일을 하는지 자세히는 모르지만 궁금증이 생기는 존재 SOU(Special Operation Unit) 경찰특공대.

각종 재난 상황의 대처와 대테러 임무를 수행하고 명실상부 대한민국 최정예 경찰 특수부대라고 해도 과언이 아니다. 어떠한 상황에도 상황을 종결시키고, 어떠한 위험에도 노출이 되어야 하는 그들은 '최후의 보루'이다.

누군가는 "멋있다"라고 단순하게 말하지만 사실 그들은 단순히 멋진 것 이상으로 목숨을 걸고 국가와 국민을 위해 사투를 벌인다.

필자는 이 책에서 그동안 다뤄지지 않았던 특수목적견이라는 주제를 가지고 실제로 실무 부서에서 행해지고 있는 특수목적견의 각 파트별 훈련방법과 방식, 기초 이론, 실무 이론 등의 내용을 토대로 교육생, 교육자, 실무 부서에서 일을 하고 있는 동료들에게 조금이라도 도움이 되고자 한다. 이 책을 통해, 분명 필자보다 더 뛰어나고 능력이 출중한 이들이 발굴되고, 더 많이 능력을 발휘할 수 있을 것이다.

훈련 방법의 옳고 그름이 아니라, 실제로 필자가 그간 경험한 이론과 실무를 접하여 나온 결과물들의 가장 이상적인 훈련 방법을 소개한다. 이 책은 박스 훈련법을 통한 냄새인지, 기초견 양성 훈련법, 훈련 용어 정립 등 다방면 설명을 통하여 여러 훈련 방법 중 결과물을 창출 할 수 있는 방식을 제시한다.

대한민국에서 견에 사랑과 애정을 주는 모든 분들에게 경의를 표하며, 이 책이 견을 사랑하는 모두에게 조금이나마 도움이 되었으면 한다.

차례

1장

특수목적견

당신이 남긴 발자취는 누군가의 기회이자 발판이 될 것이다.

정녕 늦었다고 생각할 때 시작해 보았으면 한다. 지금이 그 꿈을 이루기 위한 준비단계이고,

꿈을 이루기 위해 포기하지 않는다면 언젠가 그 꿈은 이루어질 것이다.

특수목적견의 의의

인터넷, SNS에서 특수목적견이라는 단어를 검색하면 무수히 많은 단어들이 눈에 띌 것이다. 공혈견, 군견, 공견, 목양견, 썰매견, 번견, 연기견, 각자 정의하는 바가 다르지만 그 영역의 임무를 수행한다면 특수목적견에 속한다고 한다. 이렇듯 특수한 목적을 가지고 목적성에 의해 임무를 수행하는 견을 특수목적견이라 하며, 이는 반려견과는 현저한 차이가 있다.

필자는 공익과 공공의 안녕과 질서, 국민의 안전을 최우선 하는 경찰견을 다루었기 때문에 사회적으로 운영하는 목적견은 논외로 하고 경찰견과 관련된 특수목적견을 설명하려 한다.

특수목적견의 역할

경찰에서 주로 사용하는 견은 셰퍼드, 마리노이즈, 리트리버, 스파니엘 이렇게 네 종이다. 그중 가장 많이 운용하는 견종은 셰퍼드와 마리노이즈다.

각 기관에 맞는, 그 특색에 맞는 견 종이 따로 지정되어있는 것은 아니지만, 경찰견은 업무수행에 있어서 항상 위험성에 노출되고, 대인에 대한 거부감이 없고, 훈련성이 좋으며, 혹독한 훈련에 견딜 수 있는 충신 유형의 견을 선호한다.

우리나라 경찰견을 주로 운용하는 기관은 크게 세 군데로 나눌 수가 있는데 첫 번째는 경찰특공대(전국 18개 시·도청), 두 번째는 과학수사계(전국 18개

시·도청), 세 번째는 대테러기동대(인천공항경찰단 소속)이다.

경찰특공대는 대테러상황, 안전활동, 국제행사, 국내외빈 안전검측 등에 투입되는 폭발물탐지견과 실종자 수색 대민지원의 인명구조견을 운용, 과학수사계는 사체·인명구조·증거채취견, 대테러기동대는 공항 내 발생하는 테러에 대한 초동조치 폭발물탐지견을 운용한다.

시설물, 공항 등에서 경찰이 운영하는 견을 본다면 그 견은 마약견이 아니고 폭발물탐지견 혹은 인명구조견이니 참고하길 바란다.

임무 수행의 이해

우리나라의 경찰견은 주로 한 가지 임무를 수행한다. 미국, 영국, 벨기에 등 K9의 경우 두 가지의 임무를 수행하는데 가령 마약견+공격견, 폭발물탐지견+공격견 등의 한 마리의 견이 두 가지의 임무 수행을 하는 게 보통이다.

우리나라는 현재 법적제도가 미비하여 외국처럼 견을 이용한 공격 행위는 금지되어 있다. 공격의 개념은 무조건 사람을 무는 행동이 아닌 급박한 상황에 범인도주, 범인의 공격행위, 작전상황 간 테러범 차단 등에 활용 되는 것을 말하는데 이는 현재까지도 금지되어 있어서 작전지역 및 건물에서 사람을 수색하여 수색에 소요되는 시간을 단축시키는 개념으로만 활용되고 있다.

경찰특공대 분야

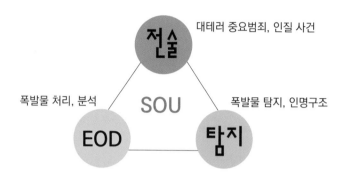

전술 — 대테러 중요범죄, 인질 사건

폭발물 처리, 분석 — **SOU**

EOD   **탐지** — 폭발물 탐지, 인명구조

참고 용어

- Single Dog: **한 가지의 임무**만 하는 견(폭발물탐지견 또는 수색견)
- Multi Dog: **한 가지 이상의 임무**를 하는 견(폭발물+공격 / 수색견+공격)
- hunt drive: **사냥하는 본능**(작업을 하려는 의지)
- toy: **장난감**(공, 퍼피턱 등의 보상물)
- 센터풀 center pole: **냄새가 뭉쳐있는 지점**(바람의 방향에 따라 형성 지점이 달라 질 수 있다.)
- 센터콘 center cone: 바람에 의해 목적물의 냄새가 **삼각형 모양**으로 퍼지는 형상
- 시그니처 signature: 특징 서명이란 뜻으로 signal(시그널) 신호라는 뜻으로 쓰인다.
- choke off: 목줄을 지긋이 압박하여 **기도를 막는 행위**
- 헬퍼 helper: **훈련을 도와주는 사람**(헬퍼에 따라 견의 학습 능력이 좌우가 된다.)
- IPO(International Prufungs Ordnung): 국제시험규정이란 뜻으로 추적+복종+방위 총 세 개 분야로 되어 있다.
- Explosive Dog: 폭발물 탐지견 / Scout, Search Dog: 수색견 / Tracking Dog: 추척견 Guard, Watch, Sentry Dog: 경비견

외국의 특수목적견

 **K9의 어원**

'Canine'은 개의 송곳니라는 뜻으로 사람들 사이에서 원음 발음이 변형되어 '케이나인'이라는 명칭으로 불리게 되었고 현재까지 전 세계 공통어로 쓰인다.

미국의 TEAM K9

미국의 경찰견은 크게 두 가지 분류로 나뉜다. 전술견을 운용하는 SWAT팀과 주경찰 혹은 패트럴경찰(일반경찰)로 나뉘는데 특이한 점은 우리나라로 따지면 지구대, 파출소에서 근무하는 일반 경찰이 경찰견 임무를 수행하는 것이다.

이들은 속도위반, 마약단속, 총기단속 등 지역경찰 임무를 수행하고 각 주에서 개인 차량과 총기를 지급받고 견과 함께 차로 출·퇴근을하고 일반적인 경찰 임무를 수행한다, 속도위반 단속, 마약 단속, 총기 단속 등 각 주마다 운영 방식은 동일하며 예산의 차이와 문화적인 차이가 있을 뿐, 운용하는 측면에서 본다면 우리나라는 선진국의 사고방식과 생각을 따라가려면 아직 먼 길을 가야 하는 셈이다.

●● 미국 인디애나주 특수목적견 국외훈련 교육 당시 ●●

●● 미국 인디애나 주 특수목적견 국외훈련 교육이수 ●●

　　미국에서 탐지견의 역할 70%는 마약견, 주에서 운용하는 10%는 폭발물탐지견, SWAT에서 운용하는 5%는 전술견, 5%는 Gun(총기류)독, 10%는 기타 필요에 의해 양성 운용한다. 반면 우리는 80%가 폭발물탐지견, 20%는 수색견(사체·인명·증거채취견)으로 운용 중이다.

●● 미국 인디애나주 웨스트필드 경찰서 ●●

　미국은 마약 범죄가 심한 국가 중 하나이다. 청소년 선도 차원에서 적발 및 탐지도 하나의 업무이기도 하다. 미국은 각 학교에 학교 경찰이 근무를 하며 무작위, 즉 근무 중에 K9 경찰관에게 연락을 하여 학교에 탐지 업무를 부탁하면 K9 경찰관이 견을 대동하여 수업 중에 학교 안에 들어가 업무를 수행한다. 신기한 점은 방송을 들은 학생들이 관례처럼 수업 중에 영문도 모른 채 복도에 본인들의 가방을 일제히 줄을 세워서 내어 놓는다. 그럼 K9 경찰관이 수색을 하고 특이점이 발생되면 학교 측에 가방에 대해 통보를 한다.

●● 고등학교 수업 중 K9 임무수행(마약 단속) 모습 ●●

●● 외부 및 내부 K9 차량 모습 ●●

🐾 미국 경찰견 교육 및 훈련 인증기관

• 미국 인디애나 주 소재 VLK(Vohne Liche Kennels)

미국은 경찰견을 트레이닝 하는 교육기관이 존재하지 않는다. 우리나라로 친다면 일반 훈련소에 라이센스(License)를 부과하여 미국의 모든 주에 경찰견 K9팀이 인증을 받은 일반 사설 훈련소에 4주~9주 동안 일정의 교육비를 지급하고 입소를 하여 교육을 받거나, 1년에 한 번씩 자격 취득을 위해 자격시험을 보고는 한다. 이 시험에서 합격해야 계속 K9팀 업무를 이어 갈 수가 있다.

●● K9팀 현직 경찰관 자격 평가제도 모습 ●●

미국의 모든 견은 공격을 베이스로 한 공격견이 기본 조건이다. VLK에서는 훈련을 시켜 경찰, 군, 민간, 심지어 FBI 등에 납품을 하고 실제로 견을 구입하러 오는 모든 기관에서 테스트를 할 때 1티어 조건으로 견이 얼마만큼 공격적인 행동을 하는가, 공격을 잘 하는가를 본다.

유일하게 훈련을 시키지 않고 테스트만을 통해 견을 납품받아 따로 훈련을 시키는 곳으로는 경찰 SWAT팀과 특수부대(NavySeal) 등이 있다. 이러한 훈련기관은 미국에 몇 군데 있지만 현재 규모면에서는 VLK가 가장 크다.

●● 납품 견 테스트 모습 ●●

필자가 미국 국외 교육에서 놀란점이 있는데 첫 번째는 훈련장소가 어마어마하게 많고 다양하다는 것과, 견 수용이 많고 훈련이 정말 체계적이라는 것이다.

이 밖에도 국가적인 차원에서 K9팀의 운영제도, 사회적 시선, 환경에서 역시 선진국이라는 느낌을 많이 받았다.

그러나 우리 한국 역시 응용훈련을 정말 잘하고 훈련성에 있어서 전혀 미국에 뒤지지 않는다.

●● 훈련소 외부 및 내부 견사 ●●

●● 훈련장 내부 모습 ●●

2장

경찰견

대부분 경찰견은 성견인 1살의 나이에 훈련을 시작하고,

경찰부대 특성상 자견 훈련은 하지 않는다.

선발된 견들은 최고 난도의 테스트를 통해 적합한 임무를 부여받고,

임무 부여와 동시에 기초견 훈련에 돌입한다.

기초견 훈련부터 임무수행까지 걸리는 기간은 대부분 1년 정도이다.

01 犬(견)의 이해

견의 기원

개의 조상에 대해 아주 많은 다양한 가설과 연구가 진행 중이고, 아직까지 결정적이고 명확한 답은 발견되지 않았다. 기존 연구와 가설에 따르면 늑대가 생물학적으로 개와 가장 가까운 연관성을 가진 종이며, 농경, 현대사회로 접어들며 인간사회에 자연적으로 융화되어 특별한 관계를 맺은 것으로 판단된다.

현대 특수목적견

세계적으로 견종은 매우 다양하다. 조렵, 수렵, 사역, 테리어, 반려(애완), 목양, 비렵 등 일곱 개의 종류로 분류되고 있으며 American Kennel Club에 따르면 약 300여 종에 이르고 오늘날 현대사회 목적성에 따라 크게 특수목적견과 반려견 두 가지 분야로 나뉜다. 우선 특수목적견은 우리나라의 경찰, 소방, 검역원, 관세청, 군견처럼 특수한 목적성을 가지고 우수한 후각, 신체능력, 친화성 등으로 선발하여 양성과 운영을 하고 있으며, 전 세계적 각국의 다양한 분야에서 특수목적견이 운영되고 있다.

경찰견(출처: 경찰청)

- 우리나라 경찰견의 연혁
  - 973년 최초의 수사견이라는 명칭으로 13두 도입
  - 1983년 86년 아시안게임·88년 올림픽 대비 서울경찰특공대
    폭발물탐지반 창설
  - 1998년 대전, 대구, 광주, 부산특공대 탐지반 창설
  - 2001년 인천경찰특공대 탐지견운용팀 창설
  - 2005년 제주경찰특공대 탐지견운용팀 창설
  - 2012년 경찰청 과학수사계 수색견(채취증거견) 도입
  - 2017년 경기북부, 경남경찰특공대 탐지견운용팀 창설
  - 2019년 경기남부, 경북경찰특공대 탐지견운용팀 창설
  - 2020년 세종, 전북, 경부경찰특공대 탐지견운용팀 창설, 경찰견
    종합훈련센터 개소
  - 2021년 충남, 전남경찰특공대 탐지견운용팀 창설
  - 2023년 충북, 강원, 울산경찰특공대 탐지견운용팀 창설

경찰견 법적근거(출처: 경찰청)

- 국민보호와 공공안전을 위한 테러방지법 시행령
  - 18조(대테러특공대 등) 테러사건과 관련된 폭발물의 탐색 및 처리
- 경찰장비관리규칙(경찰청훈련) 138조(특별관리)
  - 탐지견에게 규칙적이고 지속적인 훈련을 부여함으로써 탐지능력을
    보유·유지할 수 있도록 한다.

🐕 경찰견 주요임무 역할

구 분	주요 역할 및 임무
대테러부대 (경찰특공대)	폭발물 협박·의심 물체 탐지 및 현장 조치
	인명구조 및 실종자 수색
	각종 테러, 특수범죄 진압, 중요범죄 등 대테러 안전 활동
지방경찰청 (과학수사계)	실종자 인명구조 및 사체수색, 유류품 증거 채취 등
인천공항경찰단 (대테러기동대)	공공안전시설 안전점검 및 위력순찰, 폭발물 테러 초동 조치
경찰인재개발원 (경찰견 종합훈련센터)	경찰견 훈련, 운용 요원 교육·평가, 인재 양성

🐕 유관기관 활용 범위(출처: 각 기관에 문의)

〈2023.9. 기준〉

구 분	경찰청	소방청	군견	농림축산검역	관세청
총 수요(두)	160	100	300/520	70	55
임무	폭발물 인명구조 사체수색 증거채취	산악, 수난 재난구조 화재탐지	폭발물 정찰 수색견(추적)	동·식물 가공식품 등	마약
훈련센터	경찰견 종합훈련센터	인명 구조견센터	군격훈련소/ 공군훈육중대	농림검역 탐지견센터	관세청 탐지견훈련센터

3장

훈련가이드

모든 훈련에는 단계가 존재하고, 단계적인 훈련을 하기 위해서는

이론의 정립이 되어 있는 상태여야 한다.

다만 필자가 근무를 하며 실무에서 느낀점이 있다면

이론은 간혹 실무에 적립이 되지 않는다는 점이다.

탐지견 훈련 장비 목록

명 칭	사 진 정 보	사 용 용 도
초크 체인 (목줄)	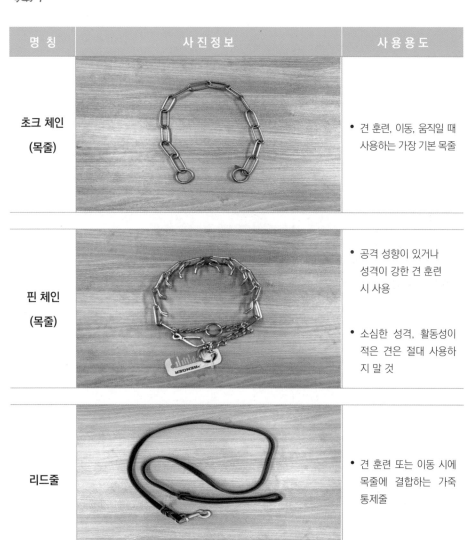	• 견 훈련, 이동, 움직일 때 사용하는 가장 기본 목줄
핀 체인 (목줄)		• 공격 성향이 있거나 성격이 강한 견 훈련 시 사용 • 소심한 성격, 활동성이 적은 견은 절대 사용하지 말 것
리드줄		• 견 훈련 또는 이동 시에 목줄에 결합하는 가죽 통제줄

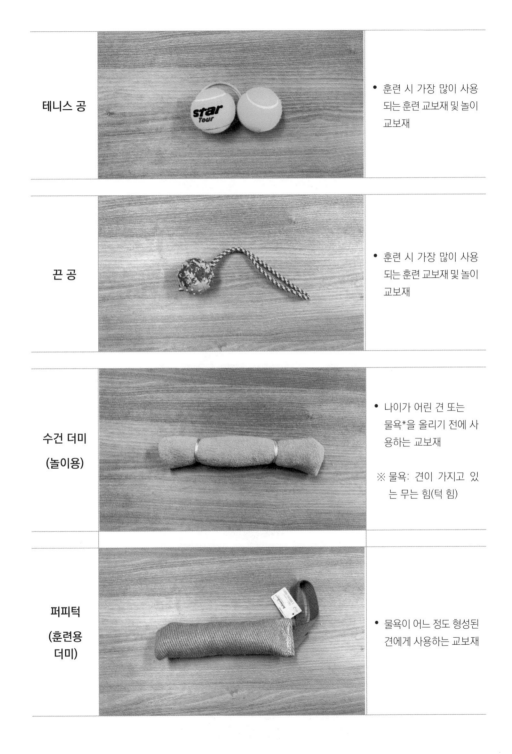

테니스 공		• 훈련 시 가장 많이 사용되는 훈련 교보재 및 놀이 교보재
끈 공		• 훈련 시 가장 많이 사용되는 훈련 교보재 및 놀이 교보재
수건 더미 (놀이용)		• 나이가 어린 견 또는 물욕*을 올리기 전에 사용하는 교보재 ※ 물욕: 견이 가지고 있는 무는 힘(턱 힘)
퍼피턱 (훈련용 더미)		• 물욕이 어느 정도 형성된 견에게 사용하는 교보재

추적 리드줄 (10M· 20M)		• 추적·산책·수색 견에게 많이 사용되며 오프리 드* 훈련 시 사용 ※ 오프리드: 줄 없이 견 이 스스로 목적물을 찾 는 것
빗		• 털 손질 시 사용
머즐 (입마개)		• 공격성이 강한 견, 입질* 을 하는 견들에게 사용 ※ 입질: 사람 또는 견을 무는 행동
켄넬		• 배변 훈련*이나 차량 등 을 이용하여 이동할 시 견을 넣는 휴식 공간 ※ 소·대변을 최초 30분 ~1시간, 최장 4시간 까지 참도록 하는 훈련

팔 보호구 (공격 바이트)		• 공격 견 또는 경비 견 훈 련 시 사용 되는 훈련 교 보재

 탐지견 훈련 시 기본 착용법

명 칭	사 용 법
초크 체인 **(목줄)**	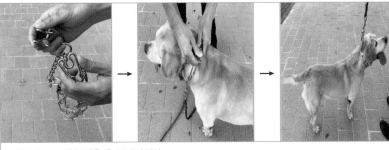 • 초크 체인을 교차로 통과시켜 원형 모양을 만든다. • 한쪽 고리에 리드줄을 연결시켜 운용한다. (리드줄에 거는 원형 고리가 위쪽으로 향하게 만든 후 사용)
핀 체인 **(목줄)**	• 양손으로 고리를 잡은 후 분리시킨다. • 분리된 고리를 견 목에 감싸고 연결 홈에 연결한다. • 원형 고리에 리드줄을 연결 시킨 후 운용한다.

머즐 (입마개)	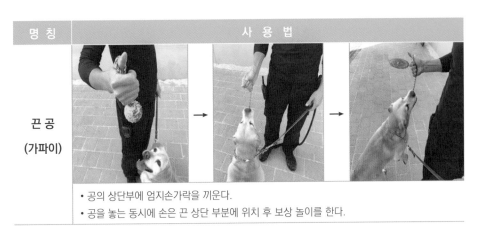

- 견의 체인을 고정되게 잡은 후 머즐을 입에 맞게 조절한다.
- 조절 후에는 벗겨지지 않게 위 끈, 아래 끈을 고정시켜 준다.

🐾 탐지견 훈련 시 기본 사용법

명 칭	사 용 법
끈 공 (가파이)	

- 공의 상단부에 엄지손가락을 끼운다.
- 공을 놓는 동시에 손은 끈 상단 부분에 위치 후 보상 놀이를 한다.

퍼피턱 (훈련용 더미)	

- 한쪽 끝부분을 손으로 잡은 후 견에게 물린다.
- 견의 입이 가운데 부분으로 오게 한 후 양쪽 끝을 손으로 잡고 놀아주며 사용한다.

명 칭	사 용 법

빗

- 털 손질 시 위에서부터 아래를 향하도록 빗질을 한다.
- 털이 뭉친 견이나 털이 많은 견은 반대로 밑에서부터 위를 향하여 약하게 사용한다.
- ※ 끈이 달린 공은 거리감이 없어 끈을 잡고 돌릴 때 주의해야 한다. 또 퍼피턱은 견이 퍼피턱을 무는 순간 씹으며 이빨이 위쪽으로 타고 올라갈 수 있기 때문에 물리지 않게 항상 주의하며 사용한다.

리드줄

- 리드줄 정석 그립은 두 번째 사진과 같고 이는 견이 갑자기 돌진하는 돌발행동, 2차사고 방지를 위함이다. 현재는 핸들러 부상 방지 차원에서 다른 그립도 사용한다.
  단, 핸들러에 처음 입문하거나 훈련 시에는 정석 그립을 이용하도록 한다.

테니스 공

- 끈 달린 공은 회수가 쉬우나 끈 없는 공 회수 시에는 매우 주의하여야 한다.
- 회수하는 손을 견의 코를 바라보게 한 후 손가락은 공을 잡고 손바닥은 견의 코를 밀면서 공을 빼낸다. 절대 손바닥을 땅으로 향한 상태에서 손가락을 넣어 공을 빼지 말 것.

출동 및 훈련장비

명 칭	장 비 소 개
충격 목줄 **(E칼라)**	보호 케이스 원격 조정 리모콘 충전기 충격 목줄

• **이격 시** 훈련 또는 훈련의 교정을 위하여 쓰는 장비

• 총 114단계의 충격 레벨로 구성(제품에 따라 레벨은 다르다.)

• 충전을 하여 사용하며 충격 외 진동 기능 포함

• 전술견 및 수색견 훈련 시 용이

• Dogtra 제품(다수의 제품이 있음)

※ 이격 시: 견과 핸들러가 떨어져서 하는 훈련(복종 및 방향지시 훈련 등)
　　　　　난이도 높은 훈련에 쓰는 제품이므로 기초견 훈련 및 성격이 온화한
　　　　　견에게는 사용을 자제하는 것이 좋음

명 칭	장 비 소 개

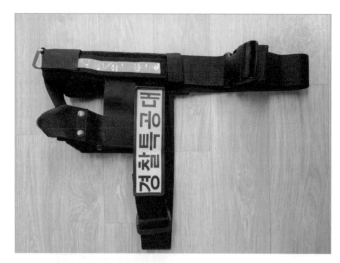

장비조끼

- 안전활동, 안전검측, 주요 외빈행사 시 착용하는 조끼
- 안감은 매쉬 재질(통풍 용이)로 되어 있으며 소·중·대형견의 착용이 용이하도록 사이즈 조절이 가능
- 목 부위 부분을 먼저 걸어 고정 후 복부 쪽 벨크로를 부착하여 착용
- 상단부 손잡이 걸이를 통해 견이 돌발행동 시 통제가 용이
- 경찰특공대 로고 부분 자수 패치로 제작

※ 보안상 이하 탐지견 훈련 장비 및 핸들러 장비·총기류는 생략한다.

4장

견 행동학

어떠한 견은 반려견이, 어떠한 견은 특수목적견이 된다.

우리는 특수목적견을 만드는 사람들이다. 특수목적견들은 우리 가족과도 같다.

위험한 순간을 맞닥뜨렸을 때 서로가 서로를 지켜주어야 하는 동료이기 때문이다.

행동의 기초 이론

🐕 본능에 의한 지각 능력

견은 본능이 80% 후천적 학습이 20%이다. 그만큼 본능에 충실한 동물이다. 배가 고프면 먹어야 하고 졸리면 잠을 청해야 하고 배설물을 배출하여야 한다.

생후 50일이 되면 뇌가 발달하고 움직이는 물체, 사람, 동물에 호감을 갖는다. 생후 7주가 되면 모견과 분리시킨다.

후에 3~5개월이 지나면 보이는 행동은 다음과 같다.

1. 조사하는 습성
코를 땅에 박거나 다른 동물의 생식기 냄새를 맡는 행동(사람 후각의 44배)

2. 모방적인 습성
다른 견이 짖으면 따라 짖거나 같이 뛰는 행동

3. 돌보는 습성
새끼 견을 핥거나 자기 무리의 약자를 보호하는 행동

4. 주의 유도 습성
관심을 받기 위해 앞발을 들거나 귀를 내리며 몸을 비비는 행동

5. 호전적인 습성
처음 보는 견을 주의하며 으르렁거리거나 이빨을 내세우는 행동

6. 성적인 습성

생식기가 발달함에 따라 암컷에 올라타는 행동

7. 접촉하는 습성

다른 동물을 관찰하며 쫓아 뛰거나 사냥하는 놀이를 보이는 행동

8. 본능에 충실한 습성

훈련이 잘 된 견이라도 본능에 충실한(늑대의 습성) 동물이므로 도망가는 행동과 입질하는 행동을 할 수 있으니 주의를 기울여야 한다.

견의 호흡기관

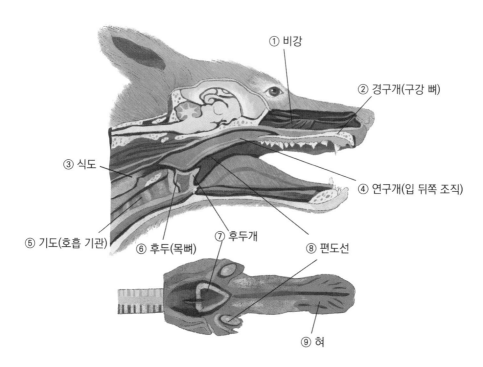

① 비강

② 경구개(구강 뼈)

③ 식도

④ 연구개(입 뒤쪽 조직)

⑤ 기도(호흡 기관)

⑥ 후두(목뼈)

⑦ 후두개

⑧ 편도선

⑨ 혀

🐕 견이 사용하는 다섯 가지 기능

- **후각 100%:** 코 내부의 50% 이상이 후각 세포로 이루어져 있고 인간의 1만배 정도 뛰어나다.
- **청각 70%:** 초당 2만~3만 사이클 정도 음파를 탐지하며 인간의 약 40배 이상 뛰어나다.
- **시각 50%:** 견종마다 차이는 있을 수 있으나 위쪽 50°~70°, 옆쪽 100°~270°, 코 안쪽 30°~45° 정도의 시야각이 있으며 색맹이다.
- **미각 20%:** 단맛, 쓴맛, 신맛, 짠맛, 매운맛 다섯 가지의 맛을 다 느끼지만 미각은 사람에 비해 둔한 편이다.
- **촉각 10%:** 견은 혈관에 인간보다 많은 염분을 함유하고 있으며 발과 피부를 통해 지표면의 진동을 감지한다.

※ 후각으로 얻은 냄새 기억력은 사람에 비해 8배 정도 뛰어나다.

🐕 견의 신체

- **체온:** 새끼견의 경우 36°~37°c, 건강한 성견일 경우 37.5°~39.2°c
- **맥박:** 1분당 70~80회가 정상 범위
- **심장:** 견의 심장은 사람처럼 좌심실에 위치하고 있다.
- **호흡수:** 1분당 15~20회 정도가 정상 범위
- **피부:** 견은 사람처럼 피부에 땀구멍이 없다.
  혀를 내밀고 헐떡이는 행동으로 호흡을 통해 열을 발산시킨다.
- **콧구멍:** 견의 코는 세포질로 이루어져 있어 건강한 견은 윤기가 흐르고 촉촉하게 젖어 있다. 반면 코가 촉촉하지 않고 각질화 현상이 일어나며 굳어 있다면 건강에 이상 신호가 있다는 뜻이다.
- **발바닥:** 견의 발바닥 피부는 보호를 위하여 까칠까칠한 굳은살로 형성이 되어 있으며 지표면에 진동을 발바닥으로 감지할 수 있도록 되어 있다.

 **성품이 좋은 견일수록 훈련성이 뛰어나다**

기질이 좋고 튼실한 견은 훈련성 또한 좋다. 모든 면에 뛰어난 견은 열 마리 중 한 마리 정도이며 이를 감안하여 탐지견을 선발하여야 한다. 이러한 견을 고르기 위해서는 다음과 같은 면을 주시하며 선발한다.

1. 호기심이 강한 견

• 모든 물체 보상에 호기심을 보이는 견은 훈련 또한 호기심을 갖고 즐거워한다.

• 손을 장난감 삼아 따라오게 하거나 보상을 손에 쥐고 따라오게 하였을 때 반응을 보이고 잘 따라오는 견

2. 집착이 강한 견

• 보상을 줬을 때 줄다리기를 심하게 하거나 물건을 놓지 않으려는 견은 끈기가 있다.

3. 공격성이 없는 견

• 경찰견, 또는 사역견(Working Dog)[1]은 외부에서 업무를 하기 때문에 공격성이 없어야 한다. 성격이 강한 견들은 공격성은 있으나 훈련 시에 매우 습득력이 빠르고 강한 성격에 포기를 안 한다.

---

1 사역견: 청각 , 후각 등 지능을 이용하여 사람이 하는 일을 돕는 견(경찰견 , 소방견 , 썰매견 등)

4. 신체적 조건

• 특유의 고관절이 없어야 하고 체장[2], 체고[3]가 곧으며 쳐다봤을 때 똑바로 눈을 응시하는 견

5. 활발한 견

• 같은 견이 울타리에 있을 때 따라 뛰거나 축 처져 있지 않고 활발한 견

6. 낯선 장소에서의 호기심

• 엘리베이터, 에스컬레이터, 수납장 공간 위, 박스 위, 자갈 밭, 모래 밭, 뜨거운 아스팔트 등 낯선 장소에서 무서워하지 않고 행동하는 견

7. 적당한 조건 합리화

• 모든 조건을 만족 시킬 수 없듯이 4~5개 조건에 합리화가 된다면 선발 요인으로 삼는다.

---

2 체장: 견의 주둥이에서부터 척추 뒤까지의 길이

3 체고: 다리의 발바닥에서부터 몸통 혹은 머리까지의 높이

견 행동요령 및 인지 포인트

1) 견사에서 견을 꺼낼 때 나가고 싶어 하는지, 보행 중 다른 견의 냄새를 맡는지 싸우려 하는지 등을 관찰한다.

2) 용변을 보게 한 후 얕은 잔디밭에서 가깝게 toy를 떨어뜨리고 얼마나 적극적으로 찾는지, 무는지, 집착은 있는지 등을 확인한다.

3) 보상을 준 후 바로 회수하고 또 이를 반복한다. 이때 손은 가슴 높이에서 보상을 하며 너무 낮거나 높으면 견이 물거나 뛰어 오를 수 있다(물욕 욕구가 있는지 확인).

4) 2~3회 반복한 다음 추적줄로 바꾼 뒤 길게 던지고 던짐과 동시에 견을 출발 시킨다. 발목 높이 정도의 잔디에서 견이 냄새로 toy를 찾는지 테스트 한다. 약 2회 정도 반복하며 견의 스피드, 적극성 등을 관찰하고 이때 견이 물고 돌아오지 않는다면 다른 toy를 꺼내 위로 던져 견에게 보여준 뒤 견의 반대쪽으로 던져준다.

5) 차량테스트는 차량 안쪽, 본넷, 트렁크에 잘 들어가고 올라가는지 관찰하는 것이다.

6) 건물 안에 들어갈 때는 toy를 물고 들어가는지 떨어뜨리는지 관찰하고 들어가서는 활발한지 두려워하는지 등과 모든 장애물을 통과했다면 칭찬하며 퇴실한다.

7) 장애물 테스트 시 문턱, 높은 물건의 위, 박스 위, 가방 위 등 극복 훈련을 진행해 보고 어느 정도의 핸들러 강제력으로 극복 가능하다면 테스트를 계속 진행하지만 겁을 많이 내거나 하기 싫어 힘으로 버틴다면 toy를 이용하여 자연스럽게 극복하게 유도한다. 어렵게 성공했다면 분위기를 살려 몇 번 더 테스트 한다.

※ 토이:공(퍼피턱 등) / 핸들러:지도수(탐지요원)

🐕 경찰견

경찰견은 대부분 네 개체의 견을 많이 사용한다(경찰특공대는 대부분 셰퍼드와 마리노이즈 종을 주로 사용한다).

저먼 셰퍼드 **(German Shepherd)**	

- 원산지: 독일(Germany)
- 체 고: 55~66cm
- 체 중: 33~42kg
- 외 모: 뒷다리가 다른 견보다 길다.
- 성 격: 냉정, 침착하며 머리가 좋고 용맹하여 어떠한 작업에도 우수함.

벨지안 마리노이즈 **(Belgian Malinois)**	

- 원산지: 벨기에(Belgium)
- 체 고: 61~66cm
- 체 중: 25~30kg
- 외 모: 균형 잡힌 몸에 민첩한 기동력
- 성 격: 낯선 사람에게는 냉담한 편이나 친밀한 성격에 만능견의 별명을 지님

래브라도 리트리버 **(Labredor Retriever)**	

- 원산지: 캐나다(Canada)
- 체 고: 54~57cm
- 체 중: 25~38kg
- 외 모: 넓은 뒷머리와 강력한 턱
- 성 격: 지능이 높고 인내심이 강하고 외향적인 성격으로 친절함

스프링거 스파니엘
(Springer Spaniel)

- 원산지: 영국(United Kingdom)
- 체 고: 48~51cm
- 체 중: 23~28kg
- 외 모: 늘어진 귀와 단미함
- 성 격: 사냥 능력이 우수, 보행성이 좋고 사람에게 매우 온순하다.

핸들러 선발

 견에 대한 애착과 일반적 상식

핸들러는 일반적으로 견에 대해 훈련의 전반적인 지식을 가지고 있어야
한다.

1. 훈련의 이해

기본적인 바람이론, 냄새이론, 견의특성, 탐지견의 업무 등 4~6개월의
트레이닝이 완료된 인원에서 선발 및 견에 대한 업무를 했던 인원을 선발
한다.

2. 친밀화

가족과 같이 생각할 수 있을 만큼 동물 또는 견을 사랑하는 기본적인 마
음가짐을 갖고 있는 인원을 선발한다.

3. 강인한 인내심

첫술에 배부를 수 없듯이 모든 훈련에 임하는 탐지견은 반복 숙달을 하며 명견으로 거듭나게 된다.

핸들러는 성급한 마음에 훈련을 진행해서는 안 되며 끈기가 있는 인원을 선발한다.

4. 경찰특공대 탐지견운용요원 경채 시험

경찰특공대 탐지분야 경채 시험이 운영이 되었으나 13년도 이후 폐지가 된 상태이다. 현재 경찰특공대 경채 분야는 전술, EOD 분야만 실시가 되고 있으며 탐지분야 인원은 경찰관 중에서 경력이 있거나, 자격증 혹은 관심이 있는 직원 중에 외부 전입을 통해 인원 선발을 하고 있는 실정이다.

앞으로 탐지분야의 경채 시험이 부활되어야 할 것이며, 경찰견 발전을 위해서는 필요적인 요소이다.

5장

선행 훈련

사람이 배움에 있어 항상 예행연습을 하듯이 견도 훈련에 앞서

필요한 사항들을 배우는데, 이를 선행 학습이라 한다.

경찰견은 항상 위험에 노출되고 최고의 난이도를 부여한 훈련을 받는다.

이는 그들도 우리도 위험한 순간에 살아남기 위함이다.

01 사회 선행 학습(현장 적응)

목적

사회 선행 학습은 개와 사람, 견과 핸들러 간 갖추어야 할 예의에 해당이 되며 특히나 특수목적견 임무를 수행하는 특수목적견과 운용요원은 뛰어난 팀워크가 밑바탕이 되어야 한다.

탐지견은 처음 겪는 상황과 낯선 냄새, 환경 속에서도 임무를 수행 할 수 있는 능력이 갖추어져야 하며, 사회 속에서 성장하며 행동방식과 사고방식을 학습하고 배우는 게 주된 목적이다.

훈련 범위

특수목적견의 훈련 범위는 다음과 같다.
• 첫째 시각적, 둘째 주변 환경(다양한 환경과 주간·야간 등의 날씨 변화), 셋째 청각적

훈련 방법

• 실내 및 건물 또는 시설물

특수목적견이 위치하는 모든 구조물과 실내의 모든 공간은 놀이와 친화훈련을 통해 재미있고 긍정적인 곳이라는 것을 일깨워 주어야 한다.

실내에서 어느정도 트레이닝이 된다면 폭발물탐지견 같은 경우에는 장소를 다양하게 옮기고, 인명구조를 하는 수색견 같은 경우에는 오솔길, 둘

레길, 산, 산기슭 등 주요 임무에 맞는 장소에서 환경 적응 훈련을 실시한다.

기차 안

역사 내

극장

산속

강가 주변

• 소음과 좁은 공간

가장 대표적인 훈련 장소는 사격장(총성), 헬기 안(소음·진동), 케이지(대기 훈련)이다.

사격장에서의 훈련은 되도록 먼 곳에서부터 가까운 곳으로 거리를 좁혀가며 적응을 시켜야 한다. 총소리나 폭발음과 같은 고음량의 소리에 민감하게 반응하는 견들은 필히 트레이닝을 시켜야 하며, 헬기 적응훈련 같은 경우 고소 공포증을 없애기 위해 실제로 탑승 전까시 적응훈련을 실시한다.

레펠 적응 훈련

레펠 훈련

헬기 훈련

탐지 훈련

 INTRO

훈련이 전혀 되어 있지 않은 견을 Green Dog이라고 표현한다. 사람으로 본다면 불과 1~2세의 사고방식과 생각을 가진 견이라 볼 수 있고, 이러한 견을 훈련 시키기란 쉽지않다.

훈련을 시작하기 전 그린독(Green Dog)은 본연의 의지가 강하여 먹고 싶을 때 먹고, 자고 싶을 때 자고, 하고 싶은 것은 뭐든지 하고 마는 훈련이라고는 접해보지 않은 말 그대로 망나니 상태이다.

경찰특공대는 엄선하고 특정된 절차하에 이런 견을 훈련시키고 양성하고 운영을 한다. 실제 경찰견 종합훈련 센터가 있지만 각 특공대에서 자체 양성하여 운영하는 경우가 많다.

폭발물, 수색, 추적 등의 기초견 훈련에 들어가기 전에 하는 훈련이라 생각하면 되며 영화의 예고편 혹은 줄거리 정도라 이해하면 쉽다.

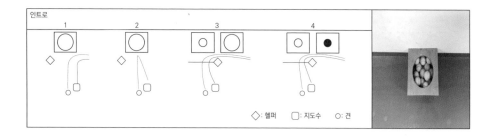

이 훈련의 주 목적은 견에게 있어서 낯선 훈련 장소와 훈련 박스 자체를

좋아하게 만들고 자연스럽게 견이 대상물 냄새를 인지·습득하기 위함이다.

① 방 안에 입구가 크고 공을 가득 채운 상자를 준비한다.

② 이때 핸들러와 견은 밖에서 대기하고 있다가 준비가 되었다는 사인이 나오면 핸들러는 공을 방 안으로 굴려 견이 따라가게 만든다. 이는 견에게 즐거운 장소라는것을 인지시키기 위함이다.

③ 방 안으로 들어오면 견이 공을 물게 하고 2개 이상의 공으로 재미있게 놀아준다.

④ 3~5회 정도를 반복하고 경계, 거부감 등의 반응이 견에게서 사라졌다면

⑤ 핸들러는 공을 회수한 다음, 견이 훈련 박스와 일직선이 되게 위치시킨다.

⑥ 박스는 하나의 박스만을 사용하고 이 박스를 토이박스라 칭하기도 한다.

⑦ 핸들러는 공을 헬퍼에게 가볍게 굴려주고 헬퍼는 견이 볼 수 있게 공을 박스에 넣는다. 이때 핸들러는 견줄 정리와 훈련 준비가 다 된 후 헬퍼에게 공을 주어야 한다.

⑧ 헬퍼가 공을 박스에 넣는 동시에 핸들러는 견을 출발시키고 견과 같이 박스로 가서 견이 공을 물면 그 자리에서 배를 두드려 주며 칭찬해준다. 충분한 칭찬이 이뤄졌다면 한쪽으로 견을 뺀다.

⑨ 박스와의 일직선상에 돌아와 보상을 회수한 다음에 헬퍼에게 공을 굴려준다. 헬퍼는 공을 주워 견이 볼 수 있게 박스에 넣고 핸들러는 이와 동시에 견을 출발시킨다. 이때 핸들러는 견을 따라가지 않으며 시작점에 있어야 하고 견이 공을 물었다면 견줄을 당겨 시작점에서 견을 칭찬한다.

⑩ 헬퍼는 첫 번째로 빈 박스를 놓고 두 번째로 공 박스를 준비한 후

공박스 옆에 위치한다. 핸들러가 공을 뺏어 헬퍼에게 굴려주면 공 박스에 공을 넣고 빈 박스로 이동 후 공을 넣는 것처럼 페인팅을 한 후 손을 펴 공이 없다는 것을 견에게 보여주고 자연스럽게 옆으로 빠진다. 이때 헬퍼는 견이 자신의 손을 집중하고 있는지 살피고, 집 중하고 있지 않다면 소리나 공을 보여주며 집중하게 만든다.

⑪ 헬퍼가 빈 박스에 페인팅을 하는 것과 동시에 지도수는 견을 출발 시키고 빈 박스에 탭을 하고 죽인 뒤 공박스에 멈춰 탭을 하고 기다 린다. 견이 공을 물면 칭찬하며 옆으로 이탈한 후 박스 진입 시 빈 박스에 자연스럽게 갈 수 있도록 옆으로 살짝 돌아온다. 이때 견이 빈 박스에 반응을 보이거나 앉으려 한다면 당기지 말고 탭과 소리 로 공 박스로 유도한다.

⑫ 다음은 공박스 대신 폭약이나 마약이 들어있는 박스를 놓는다. 이 때 헬퍼와 핸들러는 이전과 같은 방법을 수행하며 견이 폭약이 들 어있는 박스에 코를 박으면 핸들러는 오른쪽 무릎을 꿇고 즉시 보 상을 준다. 이때 반드시 견이 박스 안으로 코를 박아야 하며 또한 핸들러는 공을 꺼내줄 때 높이 뛰게 주지 말고 바로 물 수 있도록 가볍게 줘야 한다. 힘껏 위로 주는 것이 반복되면 나중에는 견이 박 스 안으로 코를 박지 않을수도 있다.

여기까지 박스훈련에 들어가기 앞선 선행 준비단계이다. 이후에 이어서 이루어지는 훈련은 각 파트에서 단계별로 알아보자.

6장

폭발물의 이해

우리는 성공이라는 결과보다는 과정이라는 실패를 먼저 배운다.

실패의 경험은 성공이라는 결과를 가져다 줄 것이다. 실패보다 값진 경험은 없다.

어느날 문득 내가 하는 일이, 내가 가는 길이 맞는가 하는 의문이 든다면

바른길을 가고 있다는 뜻이니 두려워하지 마라.

폭발물 정의

• 경미한 자극에서도 물리적 또는 화학적 변화로 주위의 급격한 압력의
  상승을 일으켜 폭발하는 물질로 주위에 피해를 주는 화합물 및 혼합물

법규에 의한 분류

• 화약: 흑색화약, 무연화약, 기타 동등한 추진적 폭발의 용도에 사용할
  수 있는 것
• 폭약: 파괴적 폭발에 사용될 수 있는 것
    예) 기폭약, 다이너마이트, 초안폭약 등 니트로가 세 개 이상 들
    어있는 니트로화합물
• 화공품: 뇌관, 실탄, 공포탄, 신관, 화관, 도화선, 도폭선, 연화, 신호기,
    자동차 긴급신호용 불꽃신호기, 자동차 에어백용 가스발생기 등

🐾 화약류의 폭연과 폭굉

- 폭연(Deplagration): 분해열에 의해 인접되어 있는 분자에 점차 폭발적으로 연소가 전해지는 반응이다. 폭연에 의해 생기는 에너지는 주로 발생한 가스와 팽창에 의한 것으로 그 효과는 추진력으로 나타낸다. 흑색화약이 대표적이며 그 속도는 약 300m/sec이다.

- 폭굉(Detonation): 연소의 파면이 전해지는 속도가 매체 중의 고유의 음속보다 빠르고 화염명의 직전에 압력의 불연속적인 융기를 동반한 충격파가 생겨 반응속도가 폭연의 경우보다 현저하게 큰 것을 말한다. 그 전파속도는 2000~8000m/sec에 이르며 이에 의한 파괴적 효과를 이용하는 것이 폭약이다(TNT, C4, 다이너마이트 등).

사제폭발물 IED(Improvised Explosive Device) 정의

 **사제폭발물 이해**

- 사제폭발물 구성 및 특성

  사제폭발물(IED: Improvised Explosive Device)이라 함은 인가되지 않고 즉흥적으로 제작된 일체의 비표준 폭발물을 말한다. 즉, 폭발성, 치명성을 가진 부품을 결합한 장치로 군용 또는 상용 폭발물을 본래의 운용목적 또는 작동방법과 다르게 만든 폭발물을 의미하며, 군용(軍用)이라는 용어에 대비하여 사제(私製)폭발물을 지칭한다.

- 사제폭발물의 구성

  사제폭발물은 주 장약(Main Charge, 화약류 및 화공약품), 기폭장치(뇌관, 배터리, 스위치), 케이스로 구성된다.

		주 장약		기폭장치		케이스
사제폭발물	=	화약·폭약 화공약품	+	뇌관 배터리 스위치	+	용기

• 사제폭발물 정의와 설명자료(출처: NEWSIS, CHANNELA)

Improvised (급조, 즉흥)	**E**xplosive (폭발물)	
Explosive (폭발물)	**O**rdnance (군용)	IED(Improvised Explosive Device) ◆ 정식 폭탄이 아닌 개인 또는 집단이 제작
Device (장치)	**D**isposal (처리)	

IED 정의

• 사제폭발물의 특성

사제폭발물은 제작자의 의도에 따라 작동하는 시스템으로, 주변 환경을 이용하여 은닉하고, 공격하고자 하는 목표물에 따라 크기나 모양을 변화시킴으로써 식별이 용이하지 않도록 제작된다. 비용이 저렴하고 제조방법 복잡하지 않다는 특징이 있다.

　① 사제폭발물의 기폭(起爆)방식: 전기식, 전자식, 전파식, 충격식, 마찰식, 화염식(불), 화학식(화학반응), 외부상태의 변화식, 혼합식 등이 있다.

　② 기계식 스위치: 보안상 설명은 생략한다.

　③ 화학식 스위치: 보안상 설명은 생략한다.

　④ 전자 스위치: 보안상 설명은 생략한다.

　⑤ 전기식 스위치: 보안상 설명은 생략한다.

폭약 종류 및 설명(출처: 경찰특공대 EOD)

화 공 품

- 종류: 흑색화약
- 성분: 질산칼륨, 목탄, 황

- 종류: 무연화약
- 성분: 니트로셀룰로오스, 니트로글리세린,
  니트로구아니딘

- 종류: 도화선
- 성분: 흑색화약

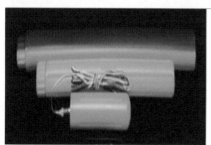

- 종류: 미진동파쇄기
- 성분: 브롬산염, 마그네슘, 알루미늄
- 용도: 도심지 및 중요한 시설물 근처에서
  발파 작업 시 부근의 건물과 구조물에
  미치는 발파 진동을 최소한으로 억제

- 종류: 도폭선
- 성분: 제조회사에 따라 PETN, RDX, TNT

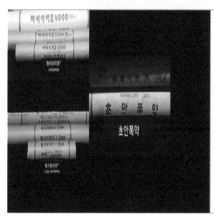

ANFO Plus™
(초안유제폭약)

- 종류: 초유폭약,ANFO(Ammonium Nitrate Fuel oil)
- 성분: 질산암모늄(NH4NO3), 오일

- 종류: 다이너마이트
- 성분: 니트로글리세린, 규조토

- 종류: 슬러리폭약(Slurry Explosive)
- 성분: 질산암모늄(NH4NO3), 오일

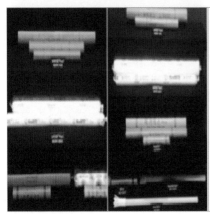

- 종류: 에멀전함수폭약(Emulsion Explosive)
- 성분: 질산암모늄(NH4NO3), 오일

- 종류: TNT(trinitrotoluene)
- 성분: 톨루엔에 질산과 황산의 혼합물을 작용시켜 얻는 화합물

- 종류: C4(Composition-4)
- 성분: RDX 90%, 가소제(폴리이소부틸렌, 에틸헥신 세박산, 자동차용 윤활유)
- 특성: 손으로 주물러서 어떤 형태로도 변형 가능

폭약에 따른 피해 안전거리(출처: 경찰특공대 EOD)

	폭발물 용량[1] (TNT 동등 물)	필수 피난 거리[2]	선호 피난 거리[3]
파이프 폭탄	5 파운드 / 2.3 KG	70 피트 / 21 M	1,200 피트 / 366 M
자살 조끼	20 파운드 / 9.2 KG	110 피트 / 34 M	1,750 피트 / 518 M
서류 가방/여행 가방 폭탄	50 파운드 / 23 KG	150 피트 / 46 M	1,850 피트 / 564 M
세단	500 파운드 / 227 KG	320 피트 / 98 M	1,900 피트 / 580 M
SUV/van	1,000 파운드 / 454 KG	400 피트 / 122 M	2,400 피트 / 732 M
작은 배달 트럭	4,000 파운드 / 1,814 KG	640 피트 / 195 M	3,800 피트 / 1159 M
컨테이너 또는 물 트럭	10,000 파운드 / 4,536 KG	860 피트 / 263 M	5,100 피트 / 1,555 M
세미 트레일러	60,000 파운드 / 27,216 KG	1,570 피트 / 479 M	9,300 피트 / 2,835 M

🐎 폭발성 물질의 구성 요건(출처: 경찰특공대 EOD)

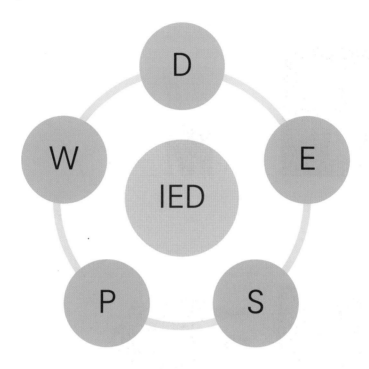

폭약(Explosives)

화약	가스	화공약품류

뇌관(Detonator)

전기 뇌관

점화 옥

가는 전선

용기(Wrap)

가방

압력밥솥

각종 용기

전원(Power) & 스위치(Switch)

배터리

스위치

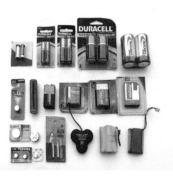 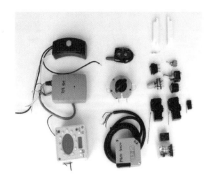

폭발물 발화(출처: 경찰특공대 EOD)

폭약의 위험성과 실제 폭발 모습

폭약 취급 법적 근거
(출처: 법제처 국가법령정보센터)

경찰특공대 대테러 관련 근거법(국민보호와 공공안전에 대한 테러방지법)

• 1조(목적) 이 법은 테러의 예방 및 대응 활동 등에 관하여 필요한 사항과 테러로 인한 피해보전 등을 규정함으로써 테러로부터 국민의 생명과 재산을 보호하고 국가 및 공공의 안전을 확보하는 것을 목적으로 한다.

• 2조(정의) "테러"란 국가·지방자치단체 또는 외국 정부(외국 지방자치단체와 조약 또는 그 밖의 국제적인 협약에 따라 설립된 국제기구를 포함한다)의 권한행사를 방해하거나 의무 없는 일을 하게 할 목적 또는 공중을 협박할 목적으로 하는 (가~마)목의 행위를 말한다.

• 8조(전담조직의 설치)

① 관계기관의 장은 테러 예방 및 대응을 위하여 필요한 전담조직을 둘 수 있다.

② 관계기관의 전담조직의 구성 및 운영과 효율적 테러대응을 위하여 필요한 사항은 대통령령으로 정한다.

국가경찰과 자치경찰의 조직 및 운용에 관한 법률

• 제3조(경찰의 임무) 경찰의 임무는 다음 각 호와 같다.

① 국민의 생명·신체 및 재산의 보호

② 범죄의 예방·진압 및 수사

③ 범죄 피해자의 보호

④ 경비·요인경호 및 대간첩·대테러 작전 수행

⑤ 공공안녕에 대한 위험의 예방과 대응을 위한 정보의 수집·작성 및 배포

⑥ 교통의 단속과 위해의 방지

⑦ 외국 정부기관 및 국제지구와의 국제협력

⑧ 그 밖에 공공의 안녕과 질서유지

경찰관 직무집행법

- 제2조(직무의 범위) 경찰관은 다음 각 호의 직무를 수행한다.

① 국민의 생명·신체 및 재산의 보호

② 범죄의 예방·진압 및 수사

③ 경비, 주요 인사(人士) 경호 및 대간첩·대테러 작전 수행

④ 공공안녕에 대한 위험의 예방과 대응을 위한 정보의 수집·작성 및 배포

⑤ 교통 단속과 교통 위해(危害)의 방지

⑥ 외국 정부기관 및 국제기구와의 국제협력

⑦ 그 밖에 공공의 안녕과 질서 유지

- 제10조(경찰장비의 사용 등)

① 경찰관은 직무수행 중 경찰장비를 사용할 수 있다.

다만, 사람의 생명이나 신체에 위해를 끼칠 수 있는 경찰장비(이하 이 조에서 "위해성 경찰장비"라 한다)를 사용할 때에는 필요한 안전교육과 안전 검사를 받은 후 사용하여야 한다.

② 제1항 본문에서 "경찰장비"란 무기, 경찰장구(警察裝具), 최루제(催淚劑)와 그 발사장치, 살수차, 감식기구(鑑識機具), 해안 감시기구, 통신 기기, 차량·선박·항공기 등 경찰이 직무를 수행할 때 필요한 장치와 기구를 말한다.

③ 경찰관은 경찰장비를 함부로 개조하거나 경찰장비에 임의의 장비를 부착하여 일반적인 사용법과 달리 사용함으로써 다른 사람의 생명·신체에 위해를 끼쳐서는 안된다.

④ 위해성 경찰장비는 필요한 최소한도에서 사용하여야 한다.

⑤ 경찰청장은 위해성 경찰장비를 새로 도입하려는 경우에는 대통령령으로 정하는 바에 따라 안전성 검사를 실시하여 그 안전성 검사의 결과보고서를 국회 소관 상임위원회에 제출하여야 한다. 이 경우 안전성 검사에는 외부 전문가를 참여시켜야 한다.

⑥ 위해성 경찰장비의 종류 및 그 사용기준, 안전교육·안전검사의 기준 등은 대통령령으로 정한다.

• 경찰관 직무집행법 시행령 제2조(위해성 경찰장비의 종류)

「경찰관 직무집행법」(이하 "법"이라 한다) 제10조 제1항 단서에 따른 사람의 생명이나 신체에 위해를 끼칠 수 있는 경찰장비(이하 "위해성 경찰장비"라 한다)의 종류는 다음 각 호와 같다.

① 경찰장구: 수갑, 포승(捕繩), 호송용포승, 경찰봉, 호신용경봉, 전자충격기, 방패 및 전자방패

② 무기: 권총, 소총, 기관총(기관단총을 포함한다. 이하 같다) 산탄총, 유탄발사기, 박격포, 3인치포, 함포, 크레모아, 수류탄, 폭약류 및 도검

③ 분사기, 최루탄등: 근접분사기, 가스분사기, 가스발사총(고무탄발사겸용을 포함한다. 이하 같다) 및 최루탄(그 발사 장치를 포함한다. 이하 같다)

④ 기타장비: 가스차, 살수차, 특수진압차, 물포, 석궁, 다목적발사 및 도주 차량차단장비

• 제10조의4(무기의 사용)

① 경찰관은 범인의 체포, 범인의 도주 방지, 자신이나 다른 사람의 생명·신체의 방어 및 보호, 공무집행에 대한 항거의 제지를 위하여

필요하다고 인정되는 상당한 이유가 있을 때에는 그 사태를 합리적
으로 판단하여 필요한 한도에서 무기를 사용할 수 있다.

다만, 다음 각 호의 어느 하나에 해당할 때를 제외하고는 사람에게
위해를 끼쳐서는 아니된다.

1. 「형법」에 규정된 정당방위와 긴급피난에 해당할 때
2. 다음 각 목의 어느 하나에 해당하는 때에 그 행위를 방지하거나 그
   행위자를 체포하기 위해 무기를 사용하지 아니하고는 다른 수단이
   없다고 인정되는 상당한 이유가 있을 때

   가. 사형·무기 또는 장기 3년 이상의 징역이나 금고에 해당하는
      죄를 범하거나 범하였다고 의심할 만한 충분한 이유가 있는 사
      람이 경찰관의 직무집행에 항거하거나 도주하려고 할 때
   나. 체포·구속영장과 압수·수색영장을 집행하는 과정에서 경찰
      관의 직무집행에 항거하거나 도주하려고 할 때
   다. 제3자가 가목 또는 나목에 해당하는 사람을 도주시키려고 경찰
      관에게 항거할 때
   라. 범인이나 소요를 일으킨 사람이 무기·흉기 등 위험한 물건을
      지니고 경찰관으로부터 3회 이상 물건을 버리라는 명령이나 항
      복하라는 명령을 받고도 따르지 아니하면서 계속 항거할 때

3. 대간첩 작전 수행 과정에서 무장간첩이 항복하라는 경찰관의 명령
   을 받고도 따르지 아니할 때

② 제1항에서 "무기"란 사람의 생명이나 신체에 위해를 끼칠 수 있도
   록 제작된 권총·소총·도검 등을 말한다.

③ 대간첩·대테러 작전 등 국가안전에 관련되는 작전을 수행할 때에
   는 개인화기(個人火器) 외에 공용화기(共用火器)를 사용할 수 있다.

※ 경찰관 직무집행법 제10조(경찰장비의 사용 등), 경찰관 직무집행법 시행령
   제2조(위해성 경찰장비의 종류)에 의해서 경찰관이 폭약을 사용할 수 있다.

7장

양성 훈련

한 마리의 경찰견이 탄생하고 임무에 배치 되기까지 1년, 8,760 시간이 소요된다.

그 기간 동안 선발된 경찰견은 끊임 없는 난관에 부딪히고, 습득하고, 실패하고,

각자의 주특기에 맞는 훈련을 통해 긴 시간 끝에 결과물을 수면 위로 드러낸다.

기초견 양성 훈련 (복종 6개 동작)

복종의 단계는 초급·중급·고급으로 나뉜다. 가장 기본적인 기본 초급과정은 일상생활 또는 업무에서 기본적으로 견이 습득을 한 상태여야 한다. 지금부터 초급과정 기초견 복종 훈련에 대해 알아보도록 하자.

- 앉아

  ① 핸들러는 왼손에 견 리드줄을 말아 쥐고 오른손에 보상을 들고 오른손을 밑에서 위로 들어 올리며 "앉아" 라는 구령을 한다.

  ② 이때 견이 앉지 않는다면 보상을 견 머리 정중앙 부위 뒤쪽 15° 정도 기울이면 견이 보상을 보며 자연스럽게 앉게 될 것이다. 이때 핸들러는 들고 있던 보상을 바로 주고 즐겁게 놀아 준다.

  ③ 견이 위와 같은 방식 또는 삐딱하게 앉는다면 손으로 뒤쪽 엉덩이를 눌러 교정을 시키며 앉히는 방법을 택한다.

  ※ 견이 앉았을 때 지도수 대퇴부 옆쪽에 대동하여 정확히 앉으면 보상을 준다.

보상 앉아 훈련

앉아 교정 훈련

• 엎드려

보상을 쥔 손을 대각선 밑으로 내리며 자연스럽게 엎드린 자세를 유도한다. 만일 엎드리지 않는다면 보상은 내린 상태에서 왼손으로 견의 척추 중앙 부분을 내려 누르며 교정한다.

보상 엎드려 훈련

• 기다려

① 앉아 있는 상태 또는 엎드려 있는 상태에서 손바닥이 견을 향하게 하고 "기다려"라고 구령 후 천천히 2~3 발자국 뒷걸음 친다(견과 어느 정도 이격한다). 이때 리드줄은 느슨하게 유지한다(평평하게 되면 견이 앞으로 올 수 있다).

② "기다려"라는 구령을 재차 복창하며 거리를 약 1m 유지를 한다. 유지 후에 핸들러는 양발을 붙인 부동자세로 서있고 견이 지도수를 응시하게 만들며 마찬가지로 리드줄은 느슨하게 잡는다("기다려"라고 한 후 빠진 상태에서는 절대 보상을 주지 않으며 1~2분 정도의 시간을 기다렸다가 원래 있던 위치로 되돌아 간 후 보상을 준다).

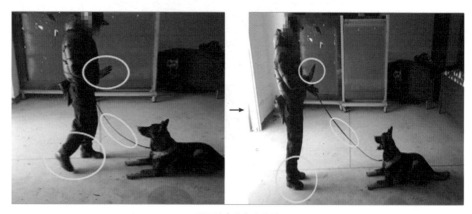

엎드려 / 기다려 훈련

• 와

① 견이 앉아 기다려 또는 엎드려 기다린 상태에 있을 때 핸들러 자신
의 대퇴부 왼쪽 혹은 앞쪽을 탁치며 "와"라고 복창한다.

② 견이 자신의 정면 앞쪽에 정확히 오면 앉은 자세를 취하게 하고 앉
지 않는다면 손을 교정해서 앉힌 후 보상을 부여한다.

기다려 있는 상태에서 와 훈련

• 쉬어

견이 엎드린 상태에서 핸들러는 보상을 든 손을 앞쪽으로 내밀고 왼손
을 이용해 견의 위쪽 대퇴부를 손으로 살짝 옆으로 민다. 이때 견의 자
세가 바뀔 것이며 바뀐 후에는 견이 편하게 쉴 수 있는 자세가 된다.

엎드린 상태에서 쉬어 훈련

- 서

앉아 또는 엎드려 있는 견을 서 있는 상태로 만드는 훈련이다. 이는 앉
아 있는 견을 지도수가 앞으로 나갈 것처럼 한 발을 앞으로 이동하며
왼손 또는 자유로운 손을 이용하여 견의 대퇴부 밑쪽을 살짝 받쳐 주
며 "서"라고 복창한다. 이때 견이 서 있는 상태로 몇 초 이상 대기 한
다면 바로 보상을 부여한다.

앉아 있는 상태에서 서 훈련

※ 따라 훈련, 각측보행, 응용동작은 생략한다.

폭발물탐지견 훈련

 **예전 훈련 방식의 소개**

- 2013년 전반까지의 훈련법
  ① 원 박스가 아닌 인지판을 사용했으며, 탭을 기초로 한 훈련법이 강조되었다.
  ② 핸들러 손의 지시에 따라 견은 하단에서 상단까지 탭을 하는 곳 냄새를 맡는 작업을 실시한다.
  ③ 인지를 시키는 단계에서는 구멍마다 탭을 실시하고, 인지가 된 후 응용 훈련에서는 위, 아래, 위, 아래, 방식의 탭을하며 견의 작업 반경을 넓히는 훈련을 한다.
  ④ 간혹 인터넷이나 블로그에 나오는 영상을 보면 탭을 이용한 훈련법을 사용한다.

이 훈련의 가장 큰 특징은 타켓 주시형이 아닌 핸들러 주시형이라는 것이다. 즉, 냄새가 인지된 순간 앉는 자세와 동시에 핸들러를 쳐다보는 수동적 방식을 취하고 핸들러는 보상을 투여한다. 탐지견 인지 훈련을 위해 제작 되었으며, 현재 이 방식은 쓰이지 않고 있지만, 주시법(타겟 고정형) 훈련이 안 되는 견들이 종종 있을 수 있다. 그때 핸들러 주시형 방식의 훈련법을 추천한다.

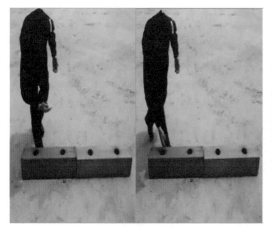

인지판 탭 이동 모습   이동 후 마지막 모습

탭 이동 모습   발견 후 마지막 모습

| 탭 이동 모습 | 발견 후 마지막 모습 |

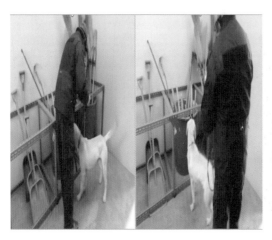

| 탭 이동 모습 | 발견 후 마지막 모습 |

　본 방식의 훈련은 필요에 의해서만 훈련을 진행하기 때문에 자세한 설명법은 생략하도록 한다.

🐾 기초견 양성 훈련(목줄 착용 = 폭발물 훈련 시작이라는 시그널)

- hunt[4] drive 방식의 훈련법(목적물을 견이 추적하여 찾는 방식)

① 본 훈련은 견이 후각과 시각을 이용하여 스스로 목적물을 찾을 수 있도록 훈련시키는 과정이다.

② 기초견 훈련 단계에서는 핸들러와 헬퍼 2명이 같이 훈련을 한다(절대 핸들러 혼자 훈련을 해서는 안 된다).

③ toy는 폭약과 함께 보관을 하여 폭약냄새가 충분히 스며들도록 한다.
  - toy박스 훈련 주목적은 toy에서 폭약냄새가 난다는 걸 알려주기 위함이다.
  - 상황에 따라 toy 안에 폭약을 넣어서 훈련을 하면 더욱 효과적이다.
  - 단 toy의 종류에 따라 견이 씹을 시 폭약이 손상이 될 수 있으므로 방법을 다르게 한다.

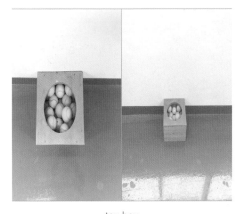

toy box

핸들러와 헬퍼

④ hunt 훈련은 실제로 출동 및 검측 시 운용되는 장소에서 해야 나중에 환경적응이 빨라진다.

---

4 hunt: 사냥이라는 뜻을 가지고 있고 훈련 용어로는 '견이 스스로 목적물을 찾는다'는 뜻으로 이해하면 된다.

⑤ 견에게 충격이 가지 않도록 가죽 목줄을 사용하고 견이 탐지에 방해가 되지 않도록 추적 끈(10m)을 사용한다.

⑥ 처음 장소는 견이 한눈에 볼 수 있는 집기류가 많은 넓은 방에서 시작을 한다.

⑦ 핸들러는 견을 post[5]하여 견이 앞으로 나아가지 못하게 고정시킨다.

post 고정

post 고정 / 헬퍼 유혹

- 핸들러는 견에게 일부러 보상공을 물린 후 choke off를 하여 공을 뺏어 헬퍼에게 굴려준다.

- 헬퍼에게 공을 굴려 줄 때에는 발을 이용하는 것이 좋으며 손을 이용할 시 견에게 물릴 수 있다는 것을 인식해야 한다.

choke off

헬퍼에게 보상 공

5 post: 리드줄을 이용하여 견을 한자리에 고정시켜 놓는 것

⑧ 헬퍼는 견이 좋아하는 toy를 이용하여 앞에서 유혹을 한 후 집기류에 숨긴다.

- 탐지를 시작하는 처음 위치에 toy를 숨기고 점차 거리를 넓혀 탐지 범위를 늘린다.

- 헬퍼는 toy를 집기류의 여러 곳에 숨기는 척하며 숨긴 후에도 계속해서 숨기는 행동을 취하여 견이 어디에 숨겼는지 알 수 없도록 한다.

- 처음에는 toy를 시각으로도 찾을 수 있을 정도로 쉽게 숨기고 점차 보이지 않게 숨긴다.

- 높이는 견이 쉽게 찾을 수 있는 높이에서 점점 높낮이를 조절하여 단계를 높인다.

⑨ 헬퍼는 toy를 다 숨기고 처음 유혹을 했던 장소로 돌아와 탐지를 수색하라는 시그니처[6]를 보내고(견에게) 핸들러는 견줄을 풀어 견이 출발할 수 있도록 한다.

- 시그니처는 나중에 헬퍼의 유혹이 없어도 핸들러가 탐지를 하라는 명령을 내리는 것과 같으며 헬퍼가 하는 것을 핸들러가 한다고 생각하면 쉽다.

유혹 동작

유혹 동작 후 공 놓기

---

6 시그니처(signature): 시그널이라는 단어로도 쓰이며 견에게 특징적이고 특정적인 신호를 보내는 것

시그널 1: 보조수가 손으로 사인을 주며 견을
집중시킨다.

시그널 2: 보조수가 "찾아"라는 명령어와 동시에
신호를 준다.

견이 추적 끝에 보상 공을 획득한다.

⑩ 견이 toy를 못 찾을 시 핸들러는 toy쪽으로 조금씩 이동을 하여 견
   이 잘 찾도록 반경을 좁혀 준다.

   - 견이 찾지 못한다고 절대로 탭을 하거나 toy를 들어 유도하면 안
     된다.

   - hunt의 목적은 견이 능동적으로 탐지를 하는 것이다.

- 핸들러는 최소한의 개입으로 견이 찾도록 도와준다.

⑪ 견이 toy를 찾을 시 헬퍼는 충분히 놀아주고 견의 물욕을 높여준다.

- 물욕이 약한 견들은 헬퍼가 놀아 주어 물욕을 높이는 동시에 유혹을 할 시 헬퍼에게 집중할 수 있도록 한다.

- 물욕이 강한 견들은 놀아주지 않고 toy를 내주어 충분히 만족감만 준다.

- 헬퍼가 유혹을 너무 잘하면 견이 헬퍼에게만 집중하므로 상황에 맞게 유혹을 적절히 넣어 준다.

⑫ 견에게 충분한 만족감을 준 후 choke off 하여 toy를 스스로 놓도록 한다.

- choke off는 처음부터 강하게 하지 않고 서서히 강도를 올려 물욕을 높인다.

⑬ 견이 toy를 놓으면 헬퍼는 바로 유혹을 하여 hunt 훈련을 진행한다.

- 1~8회 정도 반복 숙달한다.

놀아주기

choke off

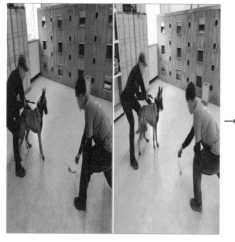

유혹 동작

공 찾기

⑭ 견이 후각을 잘 사용하고 숙달이 되면 장소를 바꾸어 여러 가지 상황에서도 hunt를 할 수 있도록 훈련을 한다.

- 객실, 차량, 건물(다른 장소의 실내), 야외 등 상황을 바꾸어 훈련을 진행한다.

- 모든 훈련에는 바람의 방향을 확인하는 것이 가장 중요하고 특히 야외 훈련 시 핸들러는 센터폴[7] 확인을 반드시 하여야 한다.

차량

실내 1

---

7 센터폴(center pole): 특정 냄새가 어느 위치에 머물러 있거나 고여 있는 현상(원뿔의 기둥 현상)

| 실내 2 | 실내 3 |

⑮ 마지막 단계에서는 헬퍼가 견을 유혹을 한 후 toy를 숨기러 갈 때, 핸들러가 견을 데리고 안 보이는 곳에 대기를 하여 견이 헬퍼의 숨기는 모습을 보지 못하게 한다.

- 헬퍼의 유혹하는 모습을 점점 줄여 헬퍼가 없이도 탐지를 할 수 있도록 하기 위함이다.

- 또 다른 훈련 방법 중 하나는 핸들러가 문을 이용하여 헬퍼쪽으로 공을 튕기게 하고 헬퍼는 숨어 있다가 그 공을 받은 후 유혹 소리만 내고 사라지는 것이다.

헬퍼에게 공 → 헬퍼 유혹

헬퍼 off

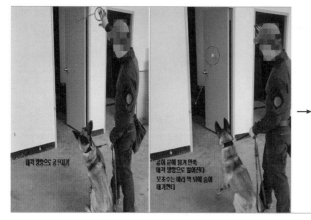 

문을 향해 공 던지기	헬퍼 off

- 핸들러가 문을 향해 공을 던질 때 헬퍼는 안쪽에 견이 안 보이게 숨어 있다가 공이 안쪽으로 떨어지면 소리를 내면서 공을 숨긴 후 사라진다.

⑯ hunt 훈련은 4주 정도 진행하여 견이 충분히 사냥 능력과 폭약냄새를 인지할 수 있도록 한다.

- 박스 훈련법(냄새인지 상자)

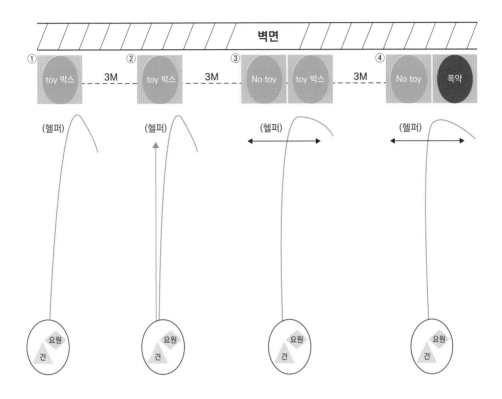

toy box 훈련 포인트 요약

- 최초 작업을 시작하는 견이기 때문에 훈련 장소가 즐거운 곳이라는 것을 인식시킨다.
- 공을 한 개 또는 2~3개를 던지면서 신나게 놀아준다.
  ※ 동일한 방법으로 줄을 매어 줄다리기 방법으로 놀아 주기도 함.
- 공에 대한 drive를 향상시키고 박스를 인지시킨다.
- 인지 작업을 하기 전에 하는 첫 단계 훈련, 즉 워밍업 훈련이므로 견이 최대한 거부감을
  갖지 않도록 한다.
- 폭약 냄새가 스며든 보상을 사용하여 냄새인지 효과 또한 있다.

① 헬퍼가 방 안에서 입구가 크고 toy가 가득 들어있는 상자를 준비 후, 핸들러가 견과 함께 방으로 들어오는데 이때 입구에서 toy를 방 안으로 던져 견이 스스로 toy를 따라 방에 들어갈 수 있게 하여 방은 즐거운 곳이라는 인식을 주는 것이 매우 중요하다.

② 방 안으로 들어오면 2~3개의 toy로 즐겁게 놀아준다. 이때 toy를 던져주는 것보다 발로 차주는 것이 좋으며 toy를 쫓아가지 않고 한 개의 toy로 혼자 놀고 있어도 괜찮다(어떤 견은 그렇게 하는 것이 즐겁기 때문이다).

③ 3~4회 정도 반복하며 방에 대한 거부감이 사라졌다면 핸들러는 견을 잡고 박스와 일직선이 되는 곳으로 이동한다(견이 박스와 일직선상에 있어야 한다). 이때 헬퍼는 발로 toy들을 박스 근처로 모은 다음 견이 보는 앞에서 박스에 toy를 넣고 toy가 들어가는 것을 견이 잘 볼 수 있게 한다. 그 다음 헬퍼는 박스 왼쪽에 위치한다(처음 하는 견이 잘 앉지 않을 때 헬퍼가 도움을 준다).

toy박스 / 놀이   일직선 위치

④ 핸들러는 toy를 choke off로 회수한 다음 헬퍼에게 가볍게 굴려주고 헬퍼는 견이 볼 수 있게 toy를 박스에 넣는다. 이때 핸들러는 견줄 정리와 훈련 준비가 완료되면 헬퍼에게 toy를 준다.

⑤ 헬퍼가 toy를 박스에 넣는 동시에 핸들러는 견을 출발시킨다. 핸들러는 견과 같이 박스로 가서 견이 toy를 물면 그 자리에서 몸을 두드리며 칭찬한다.

⑥ 박스와의 일직선상에 돌아와 보상을 회수한 다음 헬퍼에게 toy를 굴려준다. 헬퍼는 toy를 주워 견이 볼 수 있게 박스에 넣고 핸들러는 이와 동시에 견을 출발시키고 이때 핸들러는 견을 따라가지 않으며 시작점에 있어야 한다. 견이 toy를 물었다면 견줄을 당겨 시작점에서 견을 칭찬한다.

⑦ 헬퍼는 첫 번째로 빈 박스, 두 번째로 toy박스를 준비한 후 toy박스 옆에 위치한다. 핸들러가 toy를 뺏어 헬퍼에게 굴려주면 toy박스에 toy를 넣고 빈 박스로 이동 후 toy를 넣는 것처럼 페인팅을 한 후 손을 펴 toy가 없다는 것을 견에게 보여주고 자연스럽게 옆으로 빠진다. 이때 헬퍼는 견이 자신의 손을 집중하고 있는지 살피고 집중하고 있지 않다면 소리나 toy를 보여주고 집중하게 만든다.

⑧ 헬퍼가 빈 박스에 페인팅을 하는 동시에 핸들러는 견을 출발시키고 빈 박스에 탭을 한 뒤 toy박스 또한 탭을 하고 기다린다. 견이 toy를 물면 칭찬하며 옆으로 이탈하고 박스 진입 시 빈 박스에 자연스럽게 갈 수 있도록 옆으로 살짝 돌아온다. 이때 견이 빈 박스에 반응을 보이거나 앉으려 한다면 당기지 말고 탭과 소리로 toy박스로 유도한다.

⑨ 다음은 toy박스 대신 폭약이 들어있는 박스를 놓는다. 이때 헬퍼와 핸들러는 이전과 같은 방법으로 하며 견이 폭약이 들어있는 박스에 코를 박으면 핸들러는 오른쪽 무릎을 꿇고 즉시 보상을 준다. 이때

반드시 견이 박스 안으로 코를 박아야 하며 또한 핸들러는 toy를 꺼내줄 때 높이 튀게 주지 말고 바로 물 수 있도록 가볍게 준다(힘껏 위로 주는 것이 반복되면 나중에는 견이 박스 안으로 코를 박지 않을 수 있다).

자연스럽게 유도

보상

• 3단계 박스 훈련법(냄새인지)

진행방향

(1B) 강제로 앉히는 첫 단계

無 | 1 폭약 / 2 공

(2B)

(2V)

벽면

(3B) 자연스럽게 이동하며 작업한다.

(3V) 상자에서 공을 제거하는 단계

(4B)

(4V)

박스 훈련법 포인트 요약

• 순서를 기억한다(B: 뒤/V: 앞).
• 공은 핸들러가 주어야 할 때를 대비하여 항상 고정 위치에 놓는다.
• 단계를 기억한다.
  - 헬퍼 off(헬퍼가 없어지는 단계) / 공 off(공이 박스에서 없어지는 단계)
• 견이 작업 시 패턴을 만들기 위한 훈련임을 명심하자.
• 단계별 진행 시 견이 작업을 힘들어 하거나 헷갈려 한다면 전 단계로 돌아간다.

① 1 BOX 훈련으로 폭약이 들어있는 박스 하나만 가지고 하는 훈련이다. 헬퍼는 견이 박스를 이탈하지 못하도록 박스 왼쪽에 팔을 내려뜨린 채로 자연스럽게 위치하고 핸들러의 스텝은 왼발에 하나 오른발에 둘이다. 벽에 붙어있는 박스를 오른발로 고정하며 마무리한다.

② 첫 번째는 핸들러가 디테일[8]대신 직접 toy를 넣는데 박스와 일직선상에서 보상을 회수 후 출발한다. 이때 반드시 견보다 먼저 박스에 도착하여 toy를 넣어야 하므로 출발 시 약간 견을 뒤로 당긴 후 견줄을 풀어주며 투스텝으로 박스에 빠르게 접근한 뒤 toy를 넣는다.

③ 견이 박스에 코를 박고 냄새를 맡으면 "앉아"를 시킨 후 "기다려"를 시킴과 동시에 왼쪽 무릎을 낮추고 보상을 준다. 정확한 순서는 toy를 넣고, "앉아" 시키며 자세를 낮추고 보상을 주는 것이다. 이때 견은 정확히 박스의 정면에 앉아야 하며 힘으로 버티는 견은 힘싸움을 하지 말고 꼬리 부분과 엉덩이 부분을 자연스럽게 감싸 내리면 거부감 없이 앉아를 시킬 수 있다. 이때 "앉아"라는 명령어를 함께 하여야 한다.

④ 앉는 것을 너무 싫어한다면 처음부터 무리하게 할 필요는 없다. 지금은 견이 박스에 코를 박는 것이 목적이기 때문이다. 다만 공격적으로 toy를 물려고 한다면 "기다려"를 오래 시키는 것은 좋지 않다. 지금 단계에서는 앉았을 때 보상이 나온다는 것을 알려주는 단계이기 때문이다. 여리거나 사람을 좋아하는 견들은 강압적인 방법을 자제한다. 핸들러가 toy를 직접 넣지 않아도 견이 박스로 간다고 판단되면 더 이상 핸들러가 toy를 넣지 않는다.

---

8 디테일: 탭을 해주는 일련의 행동 (탭 = 디테일)

헬퍼 유혹

헬퍼 시그널

헬퍼 시그널 동시에 핸들러 찾아

보상

　헬퍼가 시그널을 주면 핸들러는 "찾아"라는 명령어에 출발하여 수색 후 견이 앉으면 보상을 주고 앉지 않는다면 리드줄을 위로 툭툭 올려치며 앉게끔 유도한다. 손으로 견 엉치 쪽을 눌러주며 앉도록 유도한다.

　1 BOX를 명령어 없이 견이 스스로 4~5회 성공했다면 2B, 2V, 3B, 3V, 4B, 4V순으로 단계별 훈련을 들어간다(V:앞, B:뒤).

⑤ 3V 단계부터는 상자 안에 toy(공)를 제거한다. 나머지 환경은 전과

동일하며 첫 번째에 폭약박스를 두고 시작하며 첫회에서 "앉아"라는 명령어로 견에게 도움을 주고, 같은 포지션으로 명령어 없이 한 번 더 반복한 뒤 순차적으로 실시한다.

⑥ 4B는 전과 동일한 방법으로 하며 한 가지 다른점은 견이 앉아 기다리고 있을 때 견과 더욱더 멀리 이탈한 후 보상 투척하듯이 주는 것이다. 이때 견에게서 멀어질 때는 견 뒤로 바로 돌아가는 것이 아니라 견 옆으로 최대한 빠졌다가 뒤로 돌아가야 한다(핸들러 또는 헬퍼가 줘도 무방하다). 보상 타이밍이 매우 중요하며 견이 돌아보거나 또는 보상 주는 타이밍이 오래 걸리면 안 된다.

⑦ 4V는 첫 번째에 폭약 박스를 두고 시작하는데 이때 헬퍼가 박스 앞에 대기하다가 핸들러가 toy를 굴려주면 폭약박스에 페이크를 주고 핸들러는 견을 출발시킨다. "앉아"라는 명령어로 견을 도와줘야 하며 옆으로 쭉 빠졌다가 뒤로 돌아와서 보상을 준 후 같은 포지션으로 한 번 더 한다. 핸들러가 헬퍼에게 toy를 굴려준 후 헬퍼는 폭약 박스에 페이크를 주며 이때 핸들러는 견만 출발시키고 자신은 그 자리에서 대기한다.

헬퍼 유혹 및 찾아

핸들러 보상

| 헬퍼 시그널 동시에 핸들러 찾아 | 보상 투척 |

※ 주시법 보상 타이밍

- 주시법 보상 타이밍은 말 그대로 핸들러 / 헬퍼가 보상을 주는 타이밍을 말한다.
- 견이 쳐다볼 때 던지면 절대 안 된다.
- 견이 모르게, 즉 보상이 박스에서 튀어 나오는 것처럼 보상을 투척하여야 한다.
- 견이 눈치를 보거나 사람에게서 보상이 나온다는 인식을 갖게 되면 교정이 힘들다.

▶ 1홀 → 2홀 → 3홀 → 4홀 인지훈련 단계별 모습

단계별 진행에서 실패 시 전 단계로 돌아가 다시 진행(4→3→2→1)

- 1홀

- 2홀

- 3홀

- 4홀

⑧ 마지막 단계는 네 개의 박스를 작은 객실의 꼭짓점에 두어 핸들러가 중앙에서 견을 보내 찾는 훈련이다. 폭약이 들어있는 박스는 정교차에서 무작위로 변경하며 한곳에서만 폭약이 나오지 않게 한다 (한곳에서만 폭약이 나온다는 것을 견에게 알려서는 안되며 ⓢ는 첫 시작점이다).

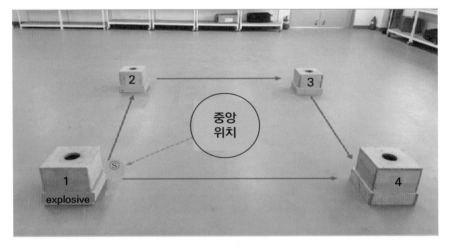

정 방향: 오른쪽으로 이동하는 패턴화 훈련

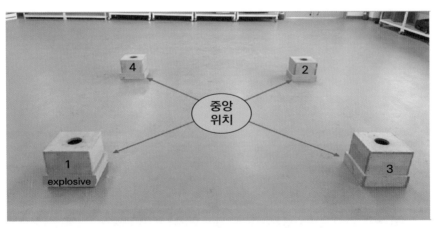

교차 방향: 순서가 정해져 있지 않은 무작위 패턴화 훈련

• 기초견 박스훈련 인지 후 '실내탐지' 응용훈련

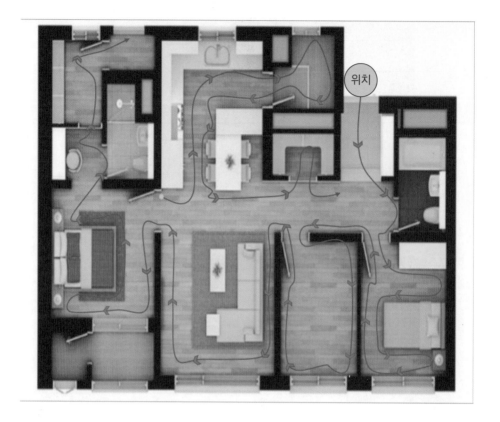

[기본 훈련 방법]

① 바람의 방향을 확인한다(외부에서 실내로 유입되는 바람이 있는지 창문을 확인).

② 견을 좌측에 대동시키고 "찾아"라는 명령어와 함께 수색을 실시한다.

③ 견이 자연스럽게 추적을 하며 수색을 실시할 때 "탭, 디테일[9]"을 할
필요는 없다.

④ 견의 행동을 유심히 관찰한다. 상부, 즉 환풍구나 천장 같은 곳에
폭약이 은닉되어 있을 때 견들이 계속 냄새를 맡으며 돌아다니거
나, 같은 자리에서 이리저리 왔다 갔다 빙빙 도는 것을 볼 수 있다.

---

9 탭, 디테일: 손 또는 손가락으로 물체를 가르키거나 물건을 살짝 터치하여 견을 유도하는 행동

이럴 경우 핸들러는 상부, 위쪽을 의심해 볼 필요가 있다.

⑤ 실내탐지는 실내에 있는 가방 또는 의심물건들에 대해서도 같은 방법으로 진행한다.

| 점진 수색 | 구역수색 |

▶ 점진 수색은 가장 기본적인 수색방법이며 시계 방향으로 점차 수색을 실시한다.

▶ 구역 수색은 넓은 장소에서 핸들러가 임의구역을 설정하여 수색을 실시하는 방법이며 구역을 설정해 수색이 완료되면 그 구역은 안전구역으로 판단한다.

※ 시계방향으로 수색을 하는 이유는 반대 방향 수색 시 백스텝이되므로
   시야 확보가 불가능하기 때문이다.

- 기초견 박스훈련 인지 후 '차량탐지' 응용훈련

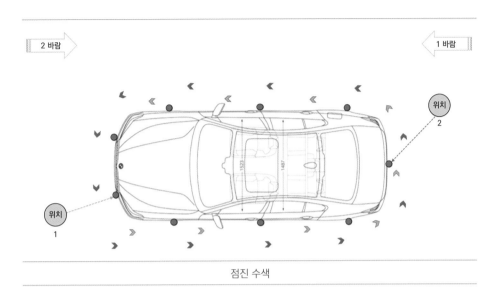

점진 수색

다수 차량 수색

[기본 훈련 방법]

① 주로 외부에서 수색이 많이 실시되며 바람의 방향에 따라 시작 위
치가 다르다.

② 1바람일 때 1위치, 2바람일 때 2위치 시계반대 방향으로 수색을
실시한다(바람의 방향을 읽고 맞바람의 위치에서 시작을 하면 견이 추적을 하는 데 있어서
편리하다).

③ 탭을 실시할 때는 차량의 틈새 부분에 탭을 하여 냄새 추적에 편리
하게 한다.

④ 차량 검색을 실시할 때 차량의 외관을 유심히 살핀다. 주로 앞바퀴
또는 뒷바퀴가 터무니 없이 많이 주저앉아 있을 때 핸들러는 무거
운 물체가 실려 있다는 것을 직관적으로 알아 차리고 위험감수를
줄이거나 EOD요원 지원을 요청한다.

⑤ 점차 수색은 기본방식대로 수색을 실시하며 다수의 차량을 수색할
때 한 대씩 하는 것이 아니라 교차 지그재그 방식으로 수색한다는
것을 명심한다.

 →

• 기초견 박스훈련 인지 후 '가방탐지' 응용훈련

[기본 훈련 방법]

① 기본 수색개념은 같으며 가방(백팩, 이동식 캐리어, 007가방 등) 종류를 다양
하게 하여 훈련을 진행한다.

② 견이 알아서 작업 능력을 가지고 있으면 탭을 할 필요는 없으며 견
이 작업을 하지 않고 다른 행동을 하면 핸들러는 탭을 해주며 가방
에 자연스럽게 유도한다.

③ 가방 안에 숨겨져 있는 폭약을 찾는 훈련이다. 단순히 폭약 냄새를
찾는 것이 아닌 자연스럽게 가방이란 물체에 적응을 시킨다.

④ 견이 폭발물 냄새를 맡고 정확한 위치에서 앉으면 핸들러는 뒤쪽에서 견이 모르게 보상물을 투척한다.

⑤ 본 훈련은 폭발물 의심물체 및 협박신고 출동에 있어서 가장 중요하다. 의심물체 신고 출동을 나가게 되면 대부분 덩그러니 가방만 있는 경우가 많다.

• 기초견 박스훈련 인지 후 '대인탐지' 응용훈련

헬퍼 폭약 은닉

핸들러 찾아

수색 실시

보상 투척

[기본 훈련 방법]

① 본 훈련은 엄연히 따지면 관세청 및 검역원에서 많이 하는 훈련이며 테러 동향에 따른(자살 폭탄 및 폭탄 조끼) 테러 예방 및 테러 차단의 의미에서 훈련을 진행한다.

② 견이 자율적으로 수색을 실시하면 핸들러는 리드줄만 풀어주며 수색을 실시한다.

③ 만약 자율적으로 못하거나 처음 시도하는 견이라면 왼쪽 발 첫 번째 탭 후에 오른쪽 손 두 번째 탭을 실시한다.

④ 본 훈련이 견에게 익숙해지면 따로 탭 훈련을 할 필요가 없으며 익숙하게 만들기 위해서는 헬퍼가 보상을 주거나 칭찬을 한다.

⑤ 현실적으로 본 훈련은 사람들이 견을 싫어할 수도 있기 때문에 실제 사람을 수색하는 경우라면 안전에 유의하고 신중을 기하여야 한다.

• 기초견 박스훈련 인지 후 '야지탐지' 응용훈련

헬퍼 폭약 은닉

핸들러 찾아

수색 전개

핸들러 보상 투척

[기본 훈련 방법]

① 야지에 IED 또는 폭발물 은닉에 대비하기 위한 훈련이다.

② 야지 수색은 대부분 구역이 넓기 때문에 수색 장소를 놓치는 경우가 있다. 그에 대비하여 지그재그 수색방식은 제일 안전하고 꼼꼼한 수색을 할 수 있다.

③ 야지 수색 시 견이 영역표시(소변보는 행위)를 하는 경우가 있을 것이다. 이는 견이 본능적인 동물이고 그에 따른 행동이기 때문에 최대한 허용을 해주며 수색을 진행한다(단, 실내에서는 절대 금지 행위이다).

④ 견이 지그재그 식으로 수색을 진행하다가 제대로 작업을 안 할 때 또는 처음부터 어떠한 작업을 하는지 모를 때 핸들러는 땅에 손을 짚으며 자연스럽게 유도하거나, 주먹을 쥐었다가 펴며 던지는 시늉을 하며 디테일한 방법으로 작업을 유도한다.

⑤ 본 훈련은 폭발물에 대한 위험성뿐만 아니라 환경에 대한 위험(산짐승, 나사 못, 유리 조각 등)의 노출이 있으므로 최대한 리드줄을 팽팽하게 유지하며 줄을 풀지 않고 수색을 전개한다. 안전에 대한 위험성이 없고 견이 숙달되어 오프리드[10] 훈련이 완성 되었다면 줄 없이 훈련 및 수색을 전개하여도 상관없다.

⑥ 땅 속, 낙엽 속, 물건에 은닉 등 다양한 폭약 은닉 패턴을 사용한다. 또한 밑쪽 부분만이 아닌 나무, 계단 등 높은 위치의 폭약 은닉 패턴도 같이 사용한다. 이는 땅에 코를 박고 찾는 방법과 에어서치[11] 방법을 일깨워 주기 위함이다.

---

10 오프리드: 견 목줄만 착용한 상태로 리드줄 없이 일정한 패턴화가 정립된 견이 하는 훈련

11 에어서치: 견이 고개를 들고 코를 사용하여 공기 중의 냄새를 맡는 행동

03

🐕 바람에 의한 냄새 이동화 이론

- 수색견 훈련에 앞서 핸들러는 냄새이론에 대하여 기본 지식을 습득한다.
- 그 어떤 훈련보다 수색견은 바람의 영향을 매우 많이 받는다.

- 부패 5단계

사망 직후 (신선한 단계)	거의 외형적 변화가 없으나 몸 안 박테리아로 인해 내부는 부패하고 있는 상태를 말하며 사람은 냄새로 부패 여부를 알 수 없으나 견은 부패를 인지할 수 있는 상태를 말한다.
팽창 (부풀어 오르는 단계)	내부에서 발생한 가스로 인해 몸이 부풀어 오른 상태로 곤충들의 활동이 감지된다. 이때는 사람과 견 모두 냄새를 감지 할 수 있으며 견의 경우 원거리에서도 쉽게 냄새를 감지한다.
부패 단계	부패 가스가 모두 빠져나가 몸이 줄어드는 상태로 대개의 경우 몸의 노출된 부분이 검은색으로 변한다. 이 경우에도 냄새가 심해 사람과 견 모두 쉽게 냄새를 감지한다.
액화 단계	몸의 건조가 시작되는 단계로 몸에서 생성된 부패액이 주변 환경에 스며드는 경우이다. 치즈 냄새나 곰팡이 냄새와 같은 비슷한 냄새가 난다. 이때는 냄새가 감소해 사람은 감지하기 어려우나 견의 경우 멀리서도 쉽게 냄새를 감지할 수 있다.
건조 및 백골화	부패가 거의 이루어져 부패 속도가 감소하는 단계로 미이라화가 진행되며 곰팡이 냄새가 나지만 냄새가 많이 감소해 근거리에서만 감지할 수 있다.

• 그 외 부패 원인

미생물	대개 폐나 장 등의 몸속의 조직기관에 존재하며 사람의 생존에 필수적이나 일단 사람이 사망하면 부패를 진행시킨다. 병으로 인해 사망한 경우 병균이 부패를 함께 진행시키는 경우도 있다.
열(온도)	21°C~37°C 사이에 가장 빠르게 진행된다. 그 이상이 되면 박테리아가 줄어들어 오히려 부패속도는 감소한다.
공기	미생물이 활동하기 위해서는 공기가 필요하며 공기가 부족한 환경에서는 부패속도가 감소한다.
습도(습기)	습기가 없으면 미생물이 활동할 수 없기에 영향을 미친다. 하지만 일반적으로 우리 몸은 박테리아가 활동하기에 충분한 습도를 유지하고 있다.
그 외 (체온의 냉각 증상)	– 습도가 낮을수록, 돌풍이 잘 불수록 수분이 빨리 증발하여 체내 온도가 빨리 하강한다. 남자는 여자보다, 유아나 노인은 청장년(성인)보다, 마른 사람은 비만한 사람보다 사후에 체내 온도가 빨리 하강하여 부패가 진행된다. – 백골화: 소아 4~5년 / 성인 7~8년

🐕 냄새 이동화 현상

• 바람이 없는 경우 원형의 냄새 풀이 형성되고 냄새 분자는 모든 방향으로 퍼져 나가며 땅속으로 투입 됨.

TIP
냄새가 땅속으로 스며들며 공기 중에 원형으로 흩어지면서 냄새가 흐른다.

- 냄새 기둥, 원뿔(Scent Cone)
  - 일관된 풍향 및 원뿔 모양의 냄새 풀을 형성한다.
  - 이른 아침, 일몰 바로 전 늦은 오후 냄새를 맡기에는 최상의 조건이다.

TIP

냄새 풀이 바람을 타고 날아간다.

- 바람이 없는 상황에서 온도가 상승하는 경우
  - 추위는 냄새를 떨어뜨리고, 열기는 냄새를 띄운다.
  - 뜨거운 공기는 상승하고 차가운 공기는 아래로 이동하고 천천히 움직인다.
  - 차가운 공기는 균형을 맞추기 위해 따뜻한 공기 쪽으로 움직이는 경향이 있다.

TIP
햇빛에 의한 복사열이 강하면 온도 상승으로 인해 냄새는 땅속으로 스며들지 않고
지면에 부딪혀 위쪽으로 올라가 냄새 풀을 형성한다.

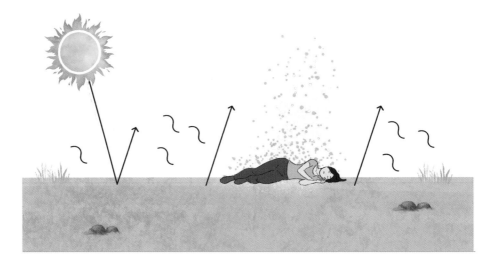

- 강한 바람과 약한 바람의 차이
  - 바람의 강도에 따라 냄새 원뿔이 형성되는 거리와 모양에 차이가 있다.

TIP
바람이 강할수록 냄새 풀은 멀리 날아간다.

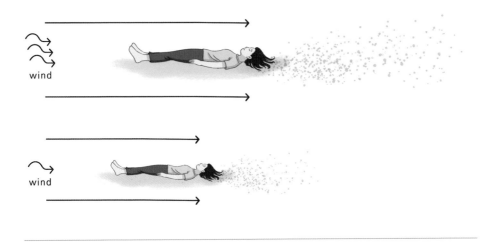

- 나무 장벽이 있는 경우 두 번째 냄새 풀 형성

  – 1차와 2차 냄새 웅덩이(Scent Pool)가 형성된다.

TIP
나무, 언덕 등 장애물이 있는 경우 그 장애물을 타고
반대 방향으로 냄새 풀이 형성되니 주의해야 한다.

• 언덕에서의 두 번째 냄새 풀 형성

  – 바람에 의해 이동하던 냄새 분자가 장애물을 만나는 경우 두 번째
    냄새 풀을 형성하게 된다.

TIP

언덕 밑부분에 사체가 있다면 바람은 하향풍을 타고 위쪽으로 냄새가 올라간다.

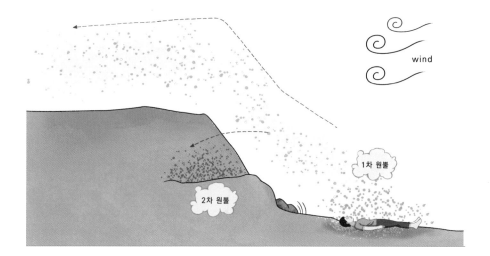

• 하향풍과 상향풍의 전개

하 향 풍

TIP
장애물 뒤에 사체가 있고 바람이 언덕 아래 부분을 향해 분다면 냄새가
장애물에 걸려 1차 원뿔이 형성되고 2차 냄새 원뿔은 밑쪽으로 형성된다.

wind

1차 원뿔

2차 원뿔

상 향 풍

TIP
언덕 밑부분에 사체가 있고 언덕부분에 장애물이 있다면 냄새 풀이 장애물 뒤에 1차,
사체 쪽에 2차로 형성된다.

Wind

• 복잡한 상황에서 냄새 이동을 이해할 수 있어야 한다.

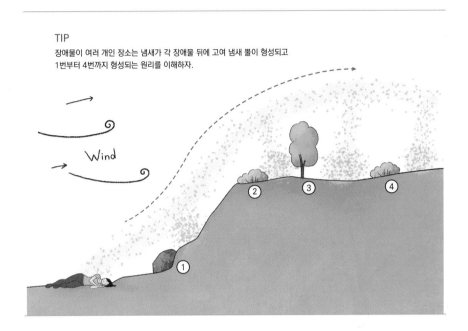

TIP
장애물이 여러 개인 장소는 냄새가 각 장애물 뒤에 고여 냄새 불이 형성되고
1번부터 4번까지 형성되는 원리를 이해하자.

- 교수(목 맴) 사례

  - 먼 곳으로 갔다가 다시 돌아와 맡을 수도 있고 Void 공동화 현상[12]을 보인다.

TIP

교사의 경우 냄새 풀이 다양하게 형성된다.

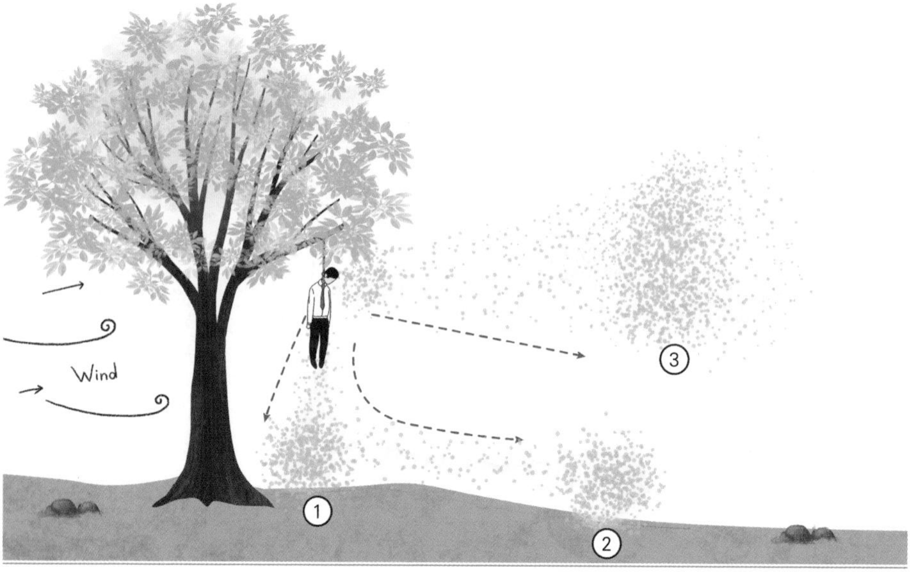

Wind

---

12 Void 공동화 현상: 빈 공간이 없이 냄새가 꽉 차는 현상. 이럴 때 대부분 견은 쉴 새 없이 왔다 갔다 하거나 같은 자리를 빙빙 도는 모습을 보인다.

• 가변적인, 변하기 쉬운 풍향
   - 바람이 일정하지 않은 경우 냄새풀이 다양하게 형성되며 견이 혼란
   스러워 하는 상황이 벌어질 수 있다.

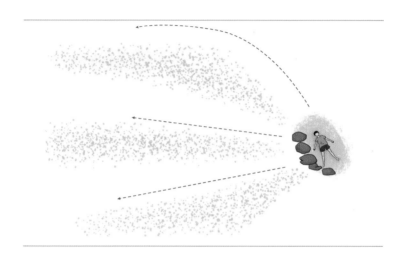

- (사체)매몰 시 지하수를 따라 냄새 이동
  - 사체의 일부가 땅속으로 들어가 그 속에 있는 지하수와 섞여 이동하
    는 경우가 있으며 이 경우 상당히 먼 거리에서 두 번째 풀이 형성된다.

TIP

강물의 흐름, 즉 물의 흐름에 따라 냄새가 타고 번지게 된다.

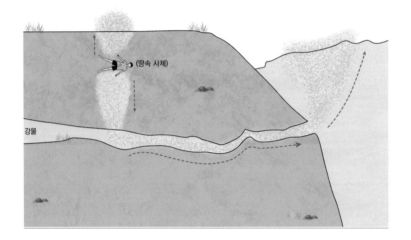

• 물에서 발견되지 않을 때는 1번 위치를 꼭 확인해야 한다.

(※ 2번에서 견이 반응을 보일 시 핸들러는 물속에 사체가 있다고 의심하기 쉽다.)

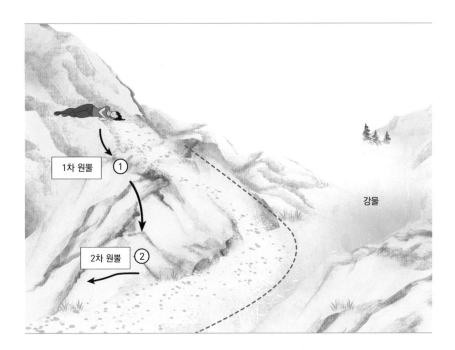

• 수중사체 수색

　- 물속 사체의 경우 조류가 냄새를 이동시킨다.

　- 이때 물속 온도차에 의해 냄새풀이 가까운 곳에 또는 먼 곳에 형성
　　되기도 한다.

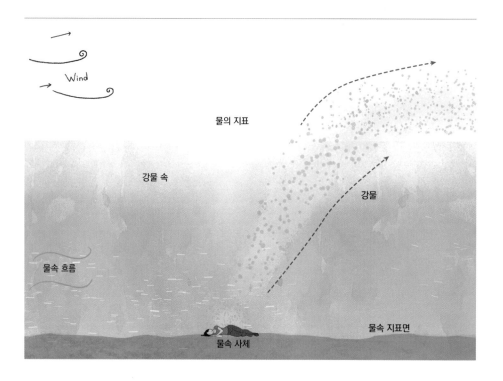

• 바람과 물의 흐름이 같은 경우 바람을 마주보며 수색

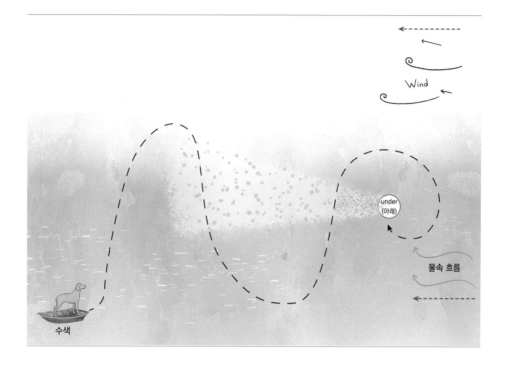

• 바람과 물의 흐름이 다른 경우 바람을 등지고 수색

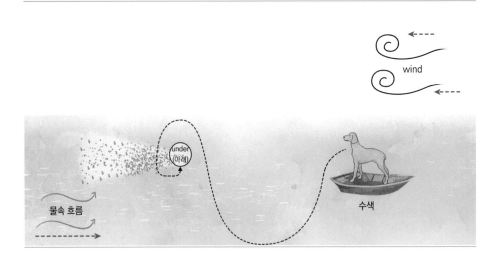

🐕 사체수색견 양성 훈련(목줄 착용 = 수색견 훈련 시작이라는 시그널)

수색견은 다른 훈련보다 난이도가 높은 작업을 하여야 하며 그로 인해 훈련방식도 매우 난이도가 높다. 또한 수색견에게는 두 가지의 훈련 방식을 주입시켜야 한다.

대상 비교사항	사체	사람
대상자	죽은 사람	살아있는 사람
시료[13] 사용	시료 사용	부분적 사용
수색 목적	매몰 또는 목 맴	실종·조난자 또는 추적
찾음 반응	바킹[14]	
응용 물품	마네킹 또는 사람	
수색 지역	산악 지형 또는 도심 지역	
훈련 우선순위	죽은 사람의 냄새를 먼저 인지 후 사람에 응용	

13 시료: 사체의 액이 묻어 있는 옷가지 사용

14 바킹: 견이 짖는 행동

- 시체(죽은 사람=매몰) hunt drive 방식

  ① 폭발물탐지견 기초 양성 훈련과 같은 방식을 사용한다.

  toy박스를 그대로 사용하며 단계별로 진행하고 다른 점은 폭약인
  지가 아닌 죽은 사람의 냄새 시료를 인지시키고 폭약박스 대신 시
  료박스를 사용한다.

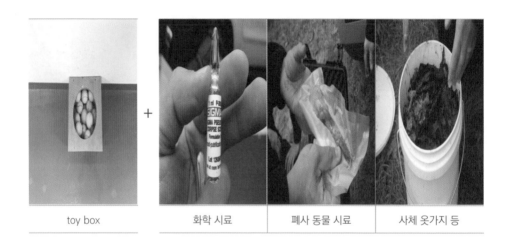

| toy box | 화학 시료 | 폐사 동물 시료 | 사체 옷가지 등 |

※ 생체시료는 사용하지 못하며(법적근거) 화학시료 또는 옷가지 등을 이용

  ② 시료 냄새가 워낙 강하기 때문에 수색견 훈련 시에는 공에 냄새가
  안 배어도 상관없으며 공과 시료를 같이 넣으면 된다.

  - 냄새 인지 과정에서 박스훈련은 폭발물탐지견 기초훈련과 같다.
  - 핸들러는 견이 앞으로 나아가지 못하게 고정시킨다.

post 고정 / 헬퍼 유혹

post 고정 / 헬퍼 공 넣기

견이 핸들러에게 집중

핸들러 찾아 명령

발견 통보(앉음)

보상 투여

- 이때 폭발물탐지견과 다른 점은 견이 목적물을 찾게 되면 바킹(짖음)을 하게 되며 핸들러는 바킹 훈련을 따로 시킨다.
- 폭발물탐지견은 폭발물 위험성 때문에 짖거나, 긁거나, 건드리는 행동을 절대 못하게 훈련을 시킨다. 하지만 수색견은 산악 지형 및 건물 같은 곳을 자유롭게 넘나들며 핸들러와 거리가 벌어지기 때문에 견이 목적물을 찾게 되면 핸들러가 자신에게 올 때까지 그 자리를 벗어나지 않고 바킹으로 통보를 해주는 것이다.
③ 견이 냄새 인지가 어느 정도 진행이 되었다면 바로 응용 훈련에 들어간다(수색견은 실외 또는 야지에서 하는 훈련이 대부분이므로 폭발물탐지견과 다르게 야지 자체를 적응시키기 위해 응용 훈련을 빨리 실시한다).

| post 고정 / 헬퍼 유혹 | 이동 중 헬퍼 유혹 |
| 헬퍼 보상 은닉 후 복귀 | 핸들러 집중 |

핸들러 찾아 명령

수색 전개

찾음 통보

④ 훈련 시작 전 견에게 목줄 또는 조끼를 착용시켜 훈련에 들어 갈 것
   이라는 신호를 준다(반복 훈련 후에 견은 목줄만 봐도 흥분을 한다).

⑤ 응용훈련 단계에서는 5m, 10m 추적줄을 사용하고 헬퍼가 공으로
   견을 유혹하고 견이 헬퍼에게 집중할 때 핸들러는 견이 앞으로 뛰어
   나가지 못하게 견줄을 단단히 잡고 정지 상태를 유지한다.

⑥ 헬퍼는 공을 흔들거나 위로 던지며 견이 공을 바라보게 하면서 공
   을 숨기는 척하며 목적물이 있는 곳까지 들어간다. 이후 공을 숨기
   는 척을 하며 다시 원래 위치로 복귀하여 견에게 손을 펴 보이며 공
   이 없다는 것을 인지시킨다.

⑦ 핸들러는 견에게 "앉아"를 시킨 다음 "찾아"라는 명령어와 함께 앞으로 튀어 나가며 수색을 전개하고 견이 작업할 때 리드줄이 방해가 되지 않도록 짧고 길게 풀어주며 다리에 걸리지 않게 조절해준다.

⑧ 견이 작업 중 목적물을 찾는다면 서서 짖거나, 앉아서 짖는 행동을 보일 것이고 견이 이런 통보를 한다면 핸들러 또는 헬퍼가 근접하여 멀리서 보상을 투척한다. 이때 보상물이 견 머리에 맞거나 견에게 보상이 나오는 걸 보이면 안 된다.

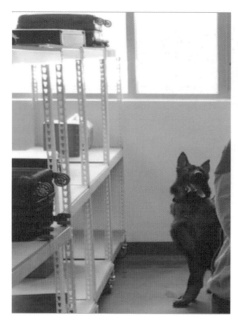

- 보상이 제때 안 나오거나 보상이 나오는 것을 견이 봤을 때, 위와 같은 행동을 하게 된다. 이러한 현상이 계속 진행된다면 주시법[15] 훈련에 대한 오점이며 교정하는 시간이 더 많이 걸리기 때문에 모든 훈련에서 보상 타이밍이 가장 중요하다. 특히, 훈련이 얼마 안 된 견이나 기초견일 때는 앉는 즉시 보상이 나와야 한다.

---

15 주시법: 견이 반응을 보이거나 목적물을 찾았을 때 앉거나 엎드린 상태에서 움직이지 않고 물체만 바라보고 있는 행동 상태

⑨ 이 과정이 완료되면 다음 단계인 매몰 훈련으로 돌입한다. 구멍이 나 있는 후추통 또는 냄새가 새어 나오는 물품에 시료를 넣고 땅을 파 은닉한다. 첫 번째는 구멍을 파 은닉 후 오픈, 두 번째는 낙엽이나 나뭇잎으로 살짝 가리는 정도의 오픈, 세 번째는 흙을 살짝 덮고 밟지 않는 상태, 네 번째는 흙을 완전히 덮고 밟는다(단계별로 난이도를 올리면서 훈련을 진행).

⑩ 이때 주의할 점은 구멍을 한 개만 파서 은닉하는 것이 아니라 구멍을 여러 개 파내어 유혹 구덩이를 만든 다음에 훈련을 실시하여야 한다. 흙을 파낸 자리는 구멍을 파내지 않은 자리와 냄새 차이가 확연히 나며 구멍을 보고 견이 앉는 것을 방지하기 위함이다.

⑪ 은닉 및 유혹 구멍 작업이 완료되었다면 견에게 가죽 목줄을 채우고 '앉아' 자세에서 곧 시작할 것이라는 암시를 준다(핸들러가 소리를 내거나 손을 들어 올려 집중 시킨다). 전 훈련과 마찬가지로 3m, 5m ,10m의 추적줄을 사용한다.

⑫ 훈련이 종료되면 팠던 구덩이를 다시 덮는 작업을 하고 훈련을 했던 장소는 최소 3일 동안은 재사용하지 않는다(시료액이 땅에 배어 냄새가 스며들 수 있으므로 이를 태양의 복사열로 날려버려야 한다).

수색견 훈련(인명구조)

• 인명구조견 양성: 살아있는 사람(실종·조난·추적) '에어서치' 방식

죽은 사람을 추적하는 훈련과 차이가 있다면 살아있는 실종자, 조난자를 공기 중의 냄새를 추적하여 찾는 훈련이라는 점이다.

그러나 만약 시일이 경과하여 대상자가 죽게 된다면 못 찾는 것일까? 답은 그렇지 않으며 본 훈련은 시료를 부분적으로 사용한다. 그 부분적인 시료 사용법과 훈련방법을 본 훈련에서 설명하겠다.

① 최초 훈련은 거리를 짧게 하여 시작을 한다.

헬퍼가 공으로 견을 유혹하고 견이 바로 보이는 거리에서 뒤돌아 서 있거나 앉아 있거나 하여 핸들러는 견과 눈을 마주치지 않고 견줄을 서서히 풀면서 앞으로 같이 이동하게 된다. 견이 헬퍼 앞에 가서 짖으면 헬퍼가 바로 보상을 주며 안 짖으면 "짖어~ 짖어~ 짖어~"라는 작은 소리를 내어 유도하여 짖게 만든다.

② 이 훈련을 반복적으로 하며 거리를 점차 늘리는 동시에 헬퍼도 견으로부터 점점 멀어지며 나중에는 사라지게 된다(헬퍼 소거). 헬퍼는 견이 안 보이는 위치에서 은닉하고 견이 찾게 되면 짖음 통보를 통해 핸들러에게 위치를 알려 줄 것이다.

③ 이때 견은 절대 그 지역을 벗어나서는 안 되며 핸들러가 올 때까지 통보 또한 끊겨서도 안된다.

④ 보이는 거리의 훈련이 완료가 되면 이제부터 본격적인 훈련이 시작되고 헬퍼는 공을 흔들거나 위로 던지는 행위를 하며 견을 집중시

켜 견이 이를 지켜본다. 핸들러는 견이 앞으로 튀어 나가지 않게 고정을 시키고 이때 헬퍼는 계속 유혹 동작을 하며 점점 멀어지며 견의 시야에서 안 보이면 숨는다. 이때 중요한 점은 은닉장소에는 헬퍼 외에는 다른 어떤 누구도 없어야 한다(견의 훈련 단계에서는 최소한의 방해 요소를 제거해야 한다).

⑤ 핸들러는 헬퍼가 숨으면 견에게 목줄을 채워 암시를 주고 출발 전에 출발 신호를 준다. 이는 자신만의 시그널을 만들어도 상관없으며 기본적인 시그널은 구두로 "이 견은 경찰견입니다. 사람을 물지 않습니다. 찾아!"이다. 구호와 함께 앞으로 출발 시키고 자율적인 수색훈련이 안 된 상태라면 이때에도 추적줄을 장착하고 수색을 전개한다.

가죽 목줄 착용

헬퍼 준비

헬퍼 유혹 동작

헬퍼 유혹 동작

유혹 후 도망(처음엔 가까운 위치)

유혹 후 도망(점점 멀어진다)

헬퍼 찾음 견이 통보

헬퍼가 보상 투척

헬퍼가 보상 후 놀이　　　　　　　　　핸들러 도착 및 인계

⑥ 헬퍼가 공으로 유혹할 때 절대 유혹공을 물려서는 안 된다. 핸들러가 도착하면 헬퍼는 놀이 후 핸들러에게 견을 인계하고 같은 방법으로 훈련이 종료된 지점에서 다시 훈련을 시작한다.

⑦ 본 훈련 단계에서 견이 적응이 된다면 다음으로 하는 훈련은 견줄 없이 오로지 핸들러 명령으로 자율적인 수색을 실시하는 단계이며 이 단계에서는 헬퍼의 유혹동작도 필요 없다. 단, 수색견 훈련 파트는 헬퍼의 영향력이 매우 크고 중요하므로 훈련을 이해하고 숙달된 사람이 헬퍼로 들어가도록 하여야 한다.

⑧ 이제부터 설명할 부분은 [마네킹 훈련 = 살아있는 사람]이다. 본 단원 앞 부분에 살아있는 사람에게 시료를 이용하여 훈련을 시킨다는 내용이 있는데 그 이유는 살아있는 사람이 사망하였을 때를 대비하기 위해서다. 이때에는 견이 어느 정도 숙달되어 추적줄을 사용하지 않고 오프리드로 한다. 처음 마네킹 훈련을 실시하면 잘하는 견들이 있는 반면 거부 반응을 일으키는 견들도 있다.

멀리서 냄새를 맡거나 경계

냄새를 맡고 그냥 지나침

⑨ 견의 거부 반응을 줄이기 위해, 헬퍼가 마네킹 뒤에 같이 숨어 짖게 만들고 짖음과 동시에 보상을 주는 방법과 헬퍼가 나무 위에 올라가 견이 짖음과 동시에 보상을 투척하는 방법이 있다. 마네킹 훈련에서는 견에게 충격이 가지않게 하는 것이 중요하다.

⑩ 마네킹 훈련을 하는 이유는 움직임이 없는 죽은 사람을 인지시키기 위함이며 마네킹만 고정으로 하는 것이 아니라 살아있는 사람이 죽은 척을 하며 번갈아 훈련을 한다. 이때 항상 누워있거나 앉아 있는 자세만을 고집하는 것이 아니라 앉은 자세, 엎드린 자세, 누운 자세, 천에 덮인 자세 등 다양하게 자세를 만든다. 고정 자세만 취할 경우 취한 자세에서만 반응을 보이기 때문이다.

⑪ 이 단계별 훈련이 완료된다면 견은 핸들러가 원하는 대로 운용 될 것이다. 이렇게 완성된 견은 실전 수색 작전에 투입이 되며 핸들러는 방향만 제시해줄 뿐 견이 스스로 작업을 전개한다.

GO-PRO 장착 후 실제 훈련 장면

추적견 훈련

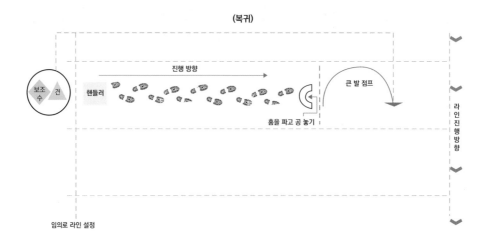추적견(trekking) 양성 훈련(리드줄 다리사이 끼기 = 훈련 시작이라는 시그널)

추적견은 도망자 또는 수색이 필요할 시 활동한다. 수색견 훈련 시 같이 훈련을 시킨다. 단, 수색견 훈련 방법과 차이가 있다는 걸 알아두자!

그러나 우리나라는 산악지형이 많이 험하고 실질적으로 견이 땅에 코를 박고 수색을 전개할 수 있을 만큼 환경이 구성되어 있지 않다보니 필요 시에만 추적 훈련을 시킨다.

※ 핸들러에 따라 하네스를 시그널로 사용하고 실제 착용하고 추적을 하는 경우도 있지만 산악 지형에서 견이 나무에 걸리는 경우가 대다수라 시그널 및 사용을 하지 않는다.

• '테니스 공(보상)'을 이용한 기초견 훈련

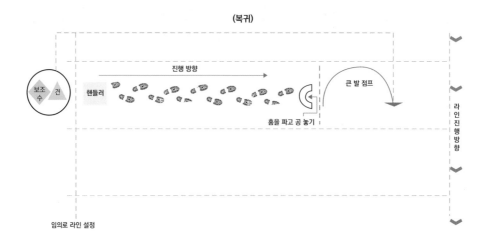

① 준비 단계

　　핸들러, 보조수, 견이 한 팀이 되어 훈련을 실시한다. 보조수는 핸들
　　러가 라인을 만들 동안 견을 데리고 있는 역할을 하며 라인은 절대
　　지그재그가 아닌 직선라인을 만들어야 한다.

② 핸들러는 견을 보조수에게 인계하고 견이 보는 앞에서 공을 앞쪽으
　　로 던진다(한 보 정도). 후에 핸들러는 견을 들고 몸을 돌려 견에게 공
　　을 집중시키고 앞쪽 직선방향으로 발을 질질 끌며 직선으로 쭉쭉
　　이동한다. 핸들러는 전방을 주시하고 지그재그가 아닌 직선방향으로
　　이동한다.

③ 처음은 10m, 20m, 30m 등으로 점차 거리를 늘리고 이동 후에는
발뒤꿈치를 이용하여 홈을 판 후 뒤를 돌아 견에게 공을 보여 다시
집중시키고 홈에 공을 놓고 손뼉을 치며 공이 없어졌다는 것을 알
려 준다. 발자국이 남지 않게 옆쪽으로 점프를 하여 돌아 나온다.

(※발자국을 남긴 바로 옆 라인으로 복귀하게 되면 견은 직선이 아닌 지그재그로 움직인다.)

④ 1단계

핸들러는 보조수와 견이 있는 위치 뒤로 돌아 들어가 보조수로부터 견을 인계 받는다. 핸들러는 트래킹에 앞서 견을 엎드려 또는 앉아 자세를 시키고 오른쪽 앞다리 사이에 리드줄을 끼운다(이는 트래킹을 하는 신호이자 견이 앞으로 튀어 나가는 것을 방지한다). 처음 단계에서는 왼손에는 견줄을 오른손은 땅을 가리키는 자세로 공 수색을 실시한다.

엎드려 또는 앉아(준비 단계)

우측 앞다리 리드줄 끼우기(시작 전 단계)

1단계 손 짚고 수색 → 공 찾기(은닉물 찾기)

공이 있는 위치까지 핸들러는 오른손을 계속하여 땅을 짚은 상태여
야 하며 이는 견이 코를 땅에 박지 않는 것을 방지하기 위한 디테일
또는 탭이라고 생각하면 된다(손을 들었다 났다 하는 행동이 아닌 쭉 이어서 가는
상태).

⑤ 2단계

준비단계는 같으며 손을 짚지 않고 견의 옆에 대동하여 수색을 실시한다. 견 옆에 대동하는 이유는 견이 좌우로 튀어나가는 것을 방지하고 기초단계에서는 견에게 직선방향으로 이동하는 것을 트레이닝 시키는 과정이기 때문이다. 절대 견에게 지그재그 방식을 선보여서는 안된다.

2단계: 견 옆에 대동 수색 → 공 찾기(은닉물 찾기)

⑥ 3단계

견 옆에 대동하며 이동하다가 견이 자율적으로 수색을 하면 견 뒤로 빠져서 이동한다. 이때 견줄을 잡은 손을 밑으로 향하게 하여 견줄이 위로 올라가 이동에 방해되지 않게 한다.

| 견 옆에서 시작하여 견 뒤로 이동 | 공찾기(은닉물 찾기) |

3단계 훈련이 완료되면 그 이후부터는 추적줄을 이용 또는 자유롭게 오프리드 훈련을 실시하고 임의로 보상물 은닉이 아닌 실전으로 견을 사용한다.

• 보상 물품이 아닌 '먹이(간식)'를 이용한 기초견 훈련 방법

　① 1단계: 최초 트랙적응 훈련을 실시한다.

　　헬퍼가 스프레이를 이용하여 아스팔트 위에 정사각형의 모양(1m x 1m)으로 물을 뿌리고 그 위에 견이 좋아하는 음식(사료, 간식 등)을 정사각형 안으로 고르게 뿌려 준다. 이때 핸들러는 견을 대동시켜 정사각형 안의 음식들을 자유롭게 먹도록 한다(정사각형 모양의 물을 뿌리면서 핸들러의 냄새, 즉 사람 냄새가 떨어지고 물이 냄새를 묶어 놓는 역할을 하여 사람 냄새가 나는 표면 위에 먹이가 있다는 인식을 주어 즐거움을 준다).

[기초 먹이훈련]

1단계: 인지 훈련(먹이)

② 2단계에서는 직선 길을 연습하게 되는데 직선 길 위에 먹이를 놓은 후 그 위에 분무기를 이용해 물을 뿌려준다. 핸들러는 견을 대동 후 처음 시작되는 길 부분에 탭 또는 디테일을 하는 동시에 견이 앞으로 나가 견이 자연스럽게 먹이를 취식할 수 있게 옆에 대동하여 이동한다.

[직선 먹이훈련]

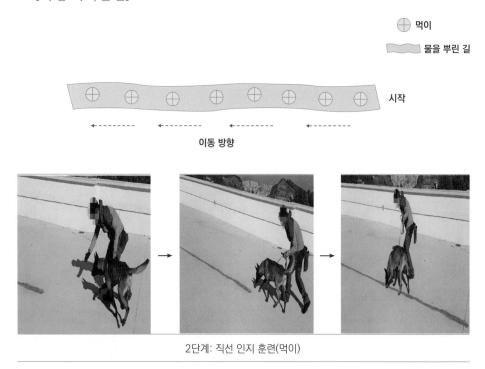

⊕ 먹이

〰️ 물을 뿌린 길

시작

← - - - - - - - ← - - - - - - - ← - - - - - - - ← - - - - - - -

이동 방향

2단계: 직선 인지 훈련(먹이)

※ 트래킹 모든 훈련 시작 시 리드줄은 견의 오른쪽 앞다리에 걸고 시작한다.

③ 3단계에서는 곡선 길을 연습하게 되는데 직선 길이가 인지가 된 후 시작하는 훈련이다. 직선보다는 약간의 난이도가 높아진다고 생각 하면 되고 훈련 방법은 직선훈련 방식과 같다.

[곡선 먹이훈련]

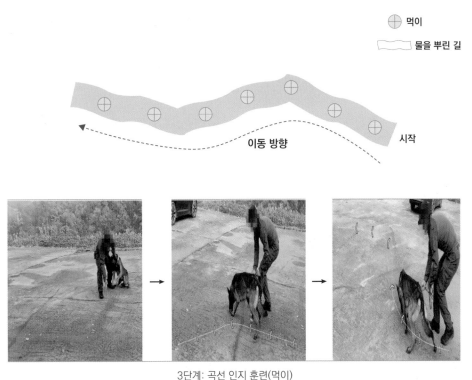

⊕ 먹이

〰️ 물을 뿌린 길

이동 방향

시작

3단계: 곡선 인지 훈련(먹이)

④ 기초단계 훈련이 완료가 되면 이제는 응용훈련을 하는 단계이다. 자유자재로 견이 코를 이용하여 작업을 하는 단계이다. 이때부터는 먹이를 빼고 보상물(공 또는 퍼피턱)을 사용한다. 간단히 설명을 한다면 사람이 가지고 있는 물건을 떨어뜨리면(보상 전환 단계) 견이 그 물건을 찾기 위해 수색을 실시하며 찾는 즉시 핸들러가 보상을 준다. 이때 주의할 점은 견이 에어서치가 아닌 트래킹(시작부터 끝까지 코를 땅에 박고 추적하는 행위)을 하여야 한다는 점이다. 이때부터는 곡선, 직선, 사각교차 등 모든 루트를 총 동원하여 실제 작전을 전개한다.

• 추적 기초견 패턴 완료 후 증거물(article) 인지 훈련

증거물 인지 훈련은 트래킹 훈련 후에 별도로 하루에 3세트 정도 훈련
을 한다. 처음에는 두께가 얇고 면적이 넓은 링을 증거물로 사용하는
것이 좋으며 지면과의 높이 차이가 나지 않게 함으로써 견이 눈으로
찾을 수 없도록 하기 위함이다.

[정사각형 먹이훈련]

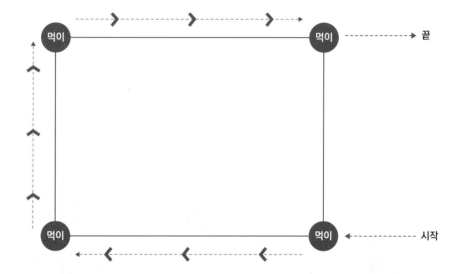

① 트랙 패턴 훈련 후 1단계에서는 네 개의 증거물에 충분히 사람의
채취를 묻히고 일정한 간격으로 지면에 놓은 후 증거물 위에 먹이
를 올려놓는다. 견이 후각을 이용해 먹이를 찾도록 하고 견이 먹이
를 먹으면 신속하게 그 먹이를 증거물 위에 올려 놓아 견이 느끼
기에 증거물에서 먹이가 나온다는 걸 알려준다. 1개의 증거물 당
2~3회, 총 3세트 훈련을 실시한다.
※ 이 훈련에서 증거물이란 먹이를 올려 놓을 수 있는 원형 그립을
말한다.

그립 위에 먹이 트레이닝

② 네 개의 증거물에 충분히 사람의 채취를 묻히고 일정한 간격으로 지면에 놓는다. 증거물 위에 먹이를 올려놓고 견이 후각을 이용하여 먹이를 찾고 먹도록 한다. 그 후에 "엎드려" 명령하여 견이 엎드리면 2~3회 가량 먹이를 주고 견에게 증거물을 찾게 하고 엎드리면 보상이 나온다는 것을 알려 준다.

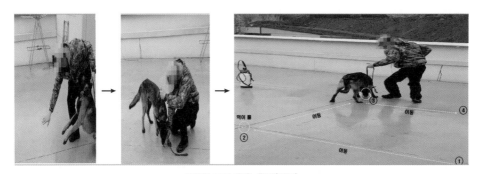

사각형 교차 응용 훈련(먹이)

③ 견이 충분히 증거물에서 보상이 나온다는 걸 인지하면, 이제 견이 후각을 이용하여 증거물을 찾도록 훈련을 하여야 한다. 핸들러는 견이 전진하지 못하도록 고정시키고 헬퍼는 증거물을 이용해 견을 유혹하고 눈으로 찾기 힘든 잔디 숲에 던진다. 그리고 견을 출발시켜 증거물에 반응을 보이면 보상(toy: 공 또는 퍼피틱)을 준다. 잔디 훈련은

처음에는 증거물을 던지는 동시에 견을 출발시키고 점점 증거물과 견의 출발 간격을 늘려 견이 자연스럽게 후각을 이용하도록 훈련을 하여야 한다. 보상이 food에서 toy로 바뀌면서 견에게 증거물이 더 높은 보상을 준다는 걸 인지 시키고 동기부여를 주게 되는 것이다.

④ 견이 충분히 숙지를 하였다면, 증거물을 다양하게 변화하여 견에게 인지 시킨다.

※ 견은 트랙보다 동기부여가 높은 증거물을 더 빨리 찾고 싶어한다. 처음부터 부피가 큰 증거물을 사용하면 견이 눈을 사용을 하거나, 트랙을 생략하고 바로 증거물을 찾으러 가는 경우가 생길 수 있으므로 증거물은 부피가 작은 것부터 시작하여 견이 꼼꼼하게 후각을 사용할 수 있도록 훈련을 해야 한다.

그립을 이동-정지-먹이-이동 순으로 트레이닝

보상 인지가 된 후 다른 보상으로 변화를 준다

※ 훈련 시에 보상은 헬퍼가 투척하도록 한다.

06 전술견 훈련

각 대테러 상황에 투입되어 상황에 따라
임무를 수행하는 특수목적견

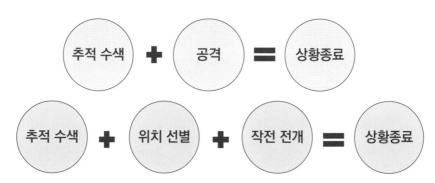

- 전술요원 및 핸들러 요원 견과 한 개의 팀을 이룬다.
- 투입하려는 장소에는 어떠한 위협이 있는지 알 수가 없다.
- 우리나라의 환경과 여건상 공격은 하지 않는다.
- 지금부터 소개하는 전술견은 공격을 하지 않는 일반적인 수색개념의 전술견이며, 대테러 작전 시 위험지역 및 테러범, 인질범 등의 색출의 시간을 단축하는 역할을 한다.
- 최초 훈련 단계에서는 건물 또는 훈련 장소 안에 대상물이 있다는 것을 알려주기 위해 건물 안에서 헬퍼와 핸들러는 견을 대동한 상태로 숨바꼭질 또는 헬퍼가 안에서 공으로 유혹한다.
- 점차 건물 안에 진입하며 견에게 재미있는 사냥놀이 방식을 터득시킨다.
- 이때 주의할 점은 거리를 넓히고 헬퍼는 견에게 재미를 선사하여야 한다.

전술견 양성 훈련(머즐을 채우면 = 훈련 시작이라는 시그널)

현재 전술견을 운영하는 나라는 미국, 프랑스, 영국, 스웨덴 등으로 대부분 견을 운용하는 선진국에서는 'K9 SWAT'팀에서 운영을 하고 있다.

현재 우리나라에는 관련법규 및 조항이 없고 한국의 정서에도 시기상조이다. 하지만 전술견은 경찰특공대, 기동대 및 경찰견 부서와 같은 곳에서 경찰견 발전을 위해서도 필요한 것이 사실이다.

이번 파트에서는 전술견에 대한 기초 훈련방법 및 전술견 활용에 대해 소개한다.

※ 공격은 하지 않고 대상물을 찾는 훈련을 위주로 하며 전술팀 수색 시 시간단축 및 위험지역 인명피해를 최소화할 수 있다.

① 양성 단계 - 1

첫 번째로 건물 내부에서 사람이 있다는 것을 인지시키는 훈련을 한다. 단층, 즉 1층에서 훈련을 대부분 시작하여 점차 위층으로 올라가는 훈련이며 건물 내부로 들어가는 입구에서 훈련이 실시된다. 핸들러와 헬퍼가 한 팀을 이루며 이는 본래 건물 침투하는 견이 테러범을 찾아내어 공격까지 이루어지는 훈련임을 알고 있어야 한다. 다만 앞서 설명한 바와 같이 현재 공격견은 운용을 할 수 없다.

건물 입구에서 핸들러는 견을 홀딩 자세를 유지시켜며 동시에 헬퍼는 바이트 또는 끈 공을 준비한 상태에서 견을 유혹한다.

② 양성 단계 - 2

핸들러는 견줄을 팽팽하게 유지시키며 헬퍼는 바이트 또는 끈공으로 견을 유혹하며 시선을 고정 시키며 건물 내부로 점차 점차 조금씩 진입을 한다. 이때 견은 헬퍼를 주시하여야 하고 만약 견이 다른 쪽으로 시선을 돌리거나 다른 행동을 하면 헬퍼가 소리를 내어 집중을 하게 만든다.

③ 양성 단계 - 3

헬퍼가 건물 내부로 진입하여 견이 시선을 집중 할 수 있도록 소리를 내며 뛰어다닌다. 이때 주의할 점은 견과 헬퍼의 거리 5m~7m 간격을 핸들러가 견줄을 통해 유지시켜주어야 하며 동시에 헬퍼는 너무 빠르지도 너무 느리지도 않은 속도로 견을 보며 움직인다. 이것이 일명 '술래잡기' 놀이 훈련 방식이다.

④ 양성 단계 - 4

이렇게 견과 헬퍼가 꼬리를 무는 술래잡기를 하며 헬퍼를 쫓게 유지시켜주는 역할을 핸들러가 담당한다. 견과 헬퍼의 간격이 벌어져서도 붙어서도 안되기 때문에 핸들러는 리드줄을 유지해 주의 깊게 신경을 써야하고 방과 방 사이, 방과 거실 사이, 거실과 부엌 사이 등을 왔다 갔다 움직이며 견의 흥미를 갖게 만든 다음 보상을 수여한다. 보상은 기본적으로 공격견을 만들 때 쓰는 바이트를 쓰지만 실정에 맞게 끈 공을 이용하여 헬퍼는 견에게 끈공을 물리고 줄다리기를 하며 놀아준다. 술래잡기를 처음 시도하는 견은 1분~2분 정도가 적당하며 그 후에 3분~4분, 5분~6분 순으로 점차 늘리며 건물 내부에서 사람에 대한 인지가 어느정도 완료가 되면 층을 올라가면서 같은 훈련을 반복한다. 이후 술래잡기 기초견 양성이 완료되면 훈련 단계로 넘어간다(보상물: 끈공→바이트로 넘어가며 보상의 변화를 준다).

※ 보상을 수여 후에는 머리부터 몸통까지 쓰다듬으며 부드럽게 칭찬을 한다.

🐾 전술 견 양성 후 훈련

• 준비 단계

- 핸들러, 견, 보조수가 한팀이 되어 훈련을 한다.

- 준비단계에서 견을 투입하고자 하는 건물 외벽에 붙인 상태에서 핸들러는 견 뒤에 위치한다.

- 투입하려는 건물 안에는 어떤 위협이 있는지 상황을 선혀 모른다.

- 투입하는 요원의 안전성을 확보하고 위험을 줄이기 위한 최소한의 준비자세이다.

※ 보조수는 적당한 위치에 미리 들어가 숨거나 유혹을 하며 들어가서 숨는다.

투입 전 바른 자세

투입 전 위험 자세

• 투입 단계
  - 견을 투입하기 전에 견에게 무언의 신호를 보낸다. 즉, 입에 머즐을 씌우거나, 견 하네스(조끼)를 채우거나, 가죽 목줄을 채우거나 등의 방법으로 '이제 이 훈련을 시작 할거야'라는 무언의 신호를 보낸다.
  - 준비단계에서 완료가 되면 핸들러는 견에게 시그널을 보낸다 "지금 부터 수색한다. 테러범은 저항해라. / 경찰견을 투입한다. 테러범은 저항해라" 등의 자신만의 시그널을 만들어 대상자에게 위협을 주는 동시에 견에게 신호를 보낸다.

  - 견 진입 동시에 핸들러는 추적 끈을 풀어주며 견이 자율적으로 수색 작업을 할 수 있도록 해 준다.
  - 견 투입과 동시에 절대 줄을 당겨서 견의 목을 채거나 견이 작업하는 도중 당겨서 견이 절대 밖으로 나오게 해서는 안 되고 만약 핸들러 실수로 인하여 견이 밖으로 나오게 된다면 준비단계부터 다시 시작한다.

• 수색 단계
  - 수색은 견만 진입하여 실시한다.
  - 견이 들어가 수색하는 동시에 수색한 구역이 안전구역이 될 때까지 작전요원 및 핸들러는 절대 진입하면 안 된다.
  ※ 테러범 또는 수색대상자가 칼, 총 등의 무기를 들고 위협요소가 될 수 있기 때문에 견을 투입하여 최소한의 인명피해 및 대상자에게 두려움 및 압박감을 준다.

  - 안전구역이 확보되면 지도수 및 작전요원을 투입하여 작전을 전개하고 2층 3층과 같은 복층 구조일 경우 투입 단계를 반복하여 안전구역을 넓혀 간다.

- 발견 및 제압 단계
    - 보조수는 옷장, 문 뒤 등과 같은 엄폐장소를 선정하여 숨고 견이 찾게 되면 핸들러에게 짖음으로 통보를 하게 된다(외국의 경우 통보없이 물고 공격한다).

문뒤 보조수

    - 견이 발견 후 통보를 하게 되면 핸들러 및 작전요원은 제압 및 체포 단계로 상황을 종료하고 폭발물과 같은 위험성이 있다면 폭발물탐지견을 활용하여 처리한다.

🐕 전술 견 작전 및 헬기 레펠

- 전술 견 기초가 완성되면 작전에 투입하게 되는데 오프리드 방식으로 줄 없이 수색을 실시한다. 이때 견은 오프리드 훈련까지 완성된 견으로 패턴(좌측에서부터 우측으로 시계방향) 수색을 자유롭게 하여야 한다.
- 공격을 할 수 없기 때문에 건물수색을 통해 대상자 색출이나 숨어있는 범죄자 발견에 주로 활용이 되며 영상 송·수신 장치를 부착 투입시켜 핸들러나 작전요원이 영상을 통해 식별 또한 가능하게 할 수 있다.
- 부비트랩, 건물입구 방어선 구축에 따른 전술 견 투입방법으로 헬기레

펠을 통한 최상층에서 진입이 가능하게 훈련을 시켜 기동성을 높일 수 있다.

※ 본 단원에서 헬기레펠을 설명하는 이유는 산악지형에서는 인명구조견을 활용하기에 대부분 한계점이 많고 불가능한 경우가 대부분이며 위험 부담이 크기 때문이다.

- 건물 작전
  - 보조수는 복합구조로 된 건물에 숨은 상태에서 핸들러는 견과 수색
    하려는 건물의 입구에서 견에게 시그널로 신호를 준다.
  - 신호를 주고 견에게 "찾아"라는 명령어와 함께 견을 풀고 수색을 실
    시하는데 이때 주의할 점은 견보다 앞이 아닌 뒤에서 견의 수색 상
    황을 지켜보며 수색을 실시한다.

시그널 및 찾아 명령

전술 견 투입

수색 상황 1

수색 상황 2

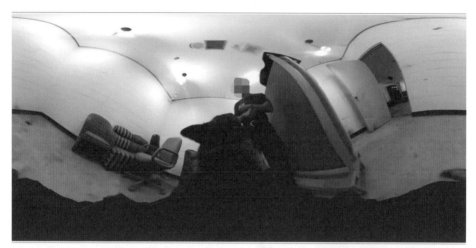

찾음 통보 – 바킹

- 견이 대상자를 찾음과 동시에 핸들러 및 작전요원에게 통보하여 위
  치를 알려준다.
- 현재 단계까지 오기 위해서는 견이 전술견 기초과정 및 오프리드 훈
  련이 되어 있어야 한다.

- 레펠 훈련 과정
  - 견 하네스와 높은 지형지물을 이용하여 공포심을 없애는 훈련을 진행한다.
  - 지면에서 10m단계를 시작으로 20m, 30m, 50m 순으로 점차 단계별로 진행한다.

  - 견이 숙달됨과 동시에 핸들러는 견 없이 레펠 훈련을 통해 워밍업을 한다.

- 핸들러 또한 준비가 완료되면 견과 함께 레펠 훈련을 진행한다.
- 이때 주의해야 할 점은 견의 무게 중심이 앞 혹은 뒤쪽에 너무 치우
  치지 않도록 무게 중심을 잘 잡아주어야 한다.

 →

- 레펠 훈련은 핸들러 및 견의 안전사고에 유의하며 진행한다. 만약 무게가 많이 나가는 견이라면 핸들러는 빠르게 내려오기보다는 수시로 제동하며 천천히 내려오도록 한다.

  ※ 현재 경찰견은 공격행위를 하는 견을 운영하지 않기 때문에 방위 훈련 및 공격 훈련은 전술견 파트에서 생략하도록 하겠다.

8장

견 건강 관리

누군가에게는 반려견으로,

누군가에게는 가족으로,

누군가에게는 친구로,

나에게 있어서 '개'란 삶에 기회를 준 최고의 선물이다.

강아지 의료 용어 해설

- 환축: 병들거나 다쳐서 치료를 받아야 할 동물
- 소인: 질병에 걸리기 쉬운 경향을 지닌 개체
- 항체: 특정 질병을 이겨내기 위해 면역 체계를 만들어낸 물질
- 지기면역성 질환: 지기 면역을 원인으로 하는 질병
- 심장사상충: 개사상충이라는 기생충이 심장이나 폐동맥에 기생해서 발병하는 질병
- 치은염, 치주염: 강아지 이빨에 치석 또는 잇몸에 발생하는 질병
- 코로나: 장염의 질병
- 켄넬코프: 호흡기 질환
- 엘리자베스 카라: 환견 목에 플라스틱으로 된 카라를 씌워 환부를 핥지 못하게 하는 도구
  (견의 목에 장착)
- 그루밍: 애견을 관리하는 총체적인 손질 관리(미용)
- 브랜딩: 가위 또는 빗살 가위로 털의 양이나 길이를 조절(손질)
- 코밍: 빗으로 털의 엉킴을 풀거나 털의 결을 정돈
- 클리퍼: 털을 손질하는 바리캉
- 성견: 생후 12개월 이상으로 성장이 완료된 견
- 자견: 생후 12개월 미만으로 어린 견
- 항문 샘: 항문 부근에서 냄새를 분비하는 선
  (강아지의 항문은 주기적으로 짜주어야 파열을 방지할 수 있다.)

견에게 쓰이는 주요 약품

약품 명칭	사진	사용 용도
네오시덤		**환부 연고** (다친 곳에 넓고 고르게 펴 바르며 염증 완화 및 피부 재생에 효과)
리펠러		**진드기 예방제** (풀, 숲, 산에 발생하는 진드기 및 해충으로부터 피부를 보호하며 견 목 뒤에 발라준다. 1회 10~15일 효과)
하트가드		**심장사상충 예방제** (매달 1회 1개씩 견에게 먹이고 기생충이 심장에 달라붙는 것을 방지한다.)

멜록시캐시		**염증치료 및 진통제** (성견에게 1~2알 투여하며 통증 감소 효과가 있다.)
멜라세덤		**피부질환 샴푸** (피부병이 있는 견에게 1~2주일 간격으로 샤워시킬 때 사용한다.)
프루너스	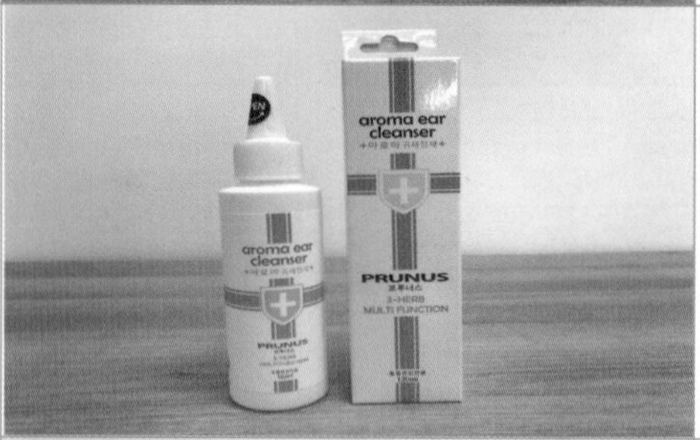	**견 귀 청소제** (거즈 및 헝겊에 소량을 묻혀 사용하거나 제품을 견에게 직접 넣고 귀 마사지를 5분 정도 한 후 깨끗이 닦아낸다.)
핑크스킨		**소독 및 환부 치료제** (환부에 뿌리는 스프레이 색상은 보라색을 띠고 있다.)
드론탈	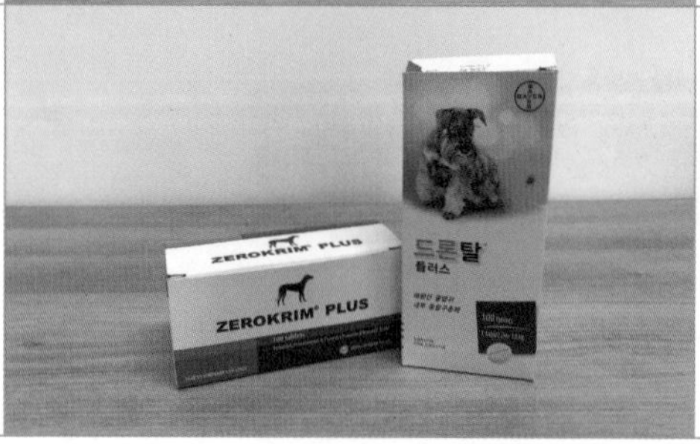	**구충제** (3개월에 한 번씩 1알씩 투여 하며 구충 제거 및 예방효과가 있다.)

비타허브		**종합비타민제** (견식을 할 때 작은 스푼으로 1~2스푼 정도 뿌려주고 섞어서 먹인다.)
노블 트리트먼트 향수		**견 향수** (견의 털에 직접 뿌린 후 마른수건을 이용하여 골고루 잘 닦아 준다.)
노플라이존 내츄럴 펫스		**진드기 보호제** (견의 털에 3~4회 정도 뿌린 후 빗을 이용하여 몸 전체에 묻게 털을 빗어준다.)
펫 샴푸		**샴푸** (견 목욕을 시킬 때 사용하며 모든 견종에 다 사용하는 자극이 적은 샴푸.)

※ 그 외 붕대 및 종이테이프, 소변 컵 등은 사람이 사용하는 제품을
사용해도 무방하다. 단 소독된 제품을 사용하도록 한다(재사용 금지).

 견 감염증

• 광견병(Rabies virus)

광견병 바이러스(Rabies virus)는 병든 동물의 타액 속에 있다가 물린 상처를 통해 사람 또는 동물에 침입하여 신경이나 임파관을 거쳐 중추 신경에 도달하여 발병된다.

감염된 경우 발병률은 약 30%이며 사람에서의 잠복기는 보통 1~2개월이다. 물린 부위가 발이나 다리 등 머리에서 먼 곳이면 잠복기도 길어지지만 머리에서 가까운 목이나 얼굴 등에 물리면 치명적이다. 광견병 바이러스는 동물에서만 발생하고 흡혈 박쥐류 등 감염되어도 죽지 않고 보균만 하는 종류도 있다.

광견병에 걸린 견은 흥분하고 불안해하며 땅을 파거나 어두운 곳에 눕는다. 그리고 무엇이든 먹으려고 하는 등의 증상을 나타내는 전구기 증상을 거쳐 점차 광폭한 상태가 되며 눈이 충혈되고 침을 흘리며 꼬리를 가랑이 사이로 밀어 넣는 등의 광조기 증상을 나타낸다.

질병의 말기 마비기에 가서는 온몸의 근육이 마비되어 입을 벌린 채 침을 흘리고 휘청거리다가 쓰러져 죽게 되는데 대체로 발병일로부터 5~6일 후면 죽는다.

사람이 광견병에 걸리면 잠복기인 1~3개월 사이 물린 부위에 통증 이외에는 다른 증상이 없다. 전구기는 바이러스가 척수에 도달한 시기로 이 시기에는 물린 부위의 동통, 지각이상 등이 환자에게 보이고 발열, 두통, 근육통, 권태감 등의 증상도 나타나며 2~10일 전구기 후에는 환자는 이상행동, 환각, 경련, 발작 혹은 마비와 같은 신경증상을 나타내고 환자 1/2정도가 인후두부의 극한 유통성 경련 발작을 일으킨다. 이러한 발작은 물을 마시려고 할 때 일어나기 때문에 환자는 수분섭취를 거부하고 물을 보는 것만으로 경련 발작이 유발된다. 급성신경증상기는 2~10일 정도 계속되나, 그 사이에 의식장애가 서서히 악화되어 혼수에 빠지거나 혹은 돌연 사망하게 된다.

일단 발병되면 치료가 불가능하기 때문에 예방이 가장 중요하다. 광견병의 예방주사는 출생 후 3~5개월경에 1차 접종을 하고, 매년 1회 보강 접종을 해야 한다. 견에게 물렸을 경우에는 당시 견의 상태와 종류, 크기, 털빛, 성별, 견의 주인 등을 알아둬야 하며 물린 부위의 피를 짜내고 즉시 병원이나 보건소에서 치료를 받아야 한다. 사람을 물은 견은 광견병 예방주사를 접종했는지를 반드시 확인하여야 하고 동물병원에 10일 동안 입원시켜 발병 유무를 확인해야 하며 광견병에 걸린 견은 1주일 이내에 죽게 되므로 10일 동안 경과해도 견에게 아무런 이상이 없으면 안심해도 된다.

• 홍역(Distemper: 디스템퍼)

파라믹소 바이러스(Paramyxo virus)에 속하는 디스템퍼 바이러스가 원인체이며 개, 늑대, 여우, 밍크 등에 감염성이 높다.

눈물이나 콧물에 병원체가 다량 함유되어 있으며 분비물을 통한 공기전파와 접촉 및 경구 감염이 가능하다. 임신한 어미 개가 디스템퍼에 걸리면 태반을 통해 태아에도 감염이 되어 사산하거나 허약한 강아지를 분만하게 된다. 개 전염병의 대명사와 같이 널리 알려진 전염병으로서 특히 강아지에서 치사율이 매우 높은 전염병 중에 하나이며, 전염력이 매우 강한 질병이다.

주로 4~5개월령 강아지나 늙은 견이 많이 걸린다. 성견까지 연령에 관계없이 걸리며 강아지 일수록 사망률이 높고 사람에게는 전염이 안된다.

침입한 바이러스가 각 임파조직에 증식되면 39.5℃~41.5℃의 고열이 발병 초기 1~3일간 반복되며(이상열), 설사, 구토, 장염 등의 소화기 증상을 나타내거나 비염, 결막염, 기관지염, 폐렴 등 호흡기 증상을 일으키며 혈액이 섞인 콧물과 재채기, 기침현상이 나타난다.

침울한 상태 후 5일간의 흥분상태가 유지되다가 안면에 가벼운 경련현상이 나타나고 입에서 거품을 내며 껌을 씹는 모양을 하거나 간질성 경련 증상이 나타난다. 심한 경우는 규칙적인 신경 증상이 발현하여 춤추는 것 같은 자세를 취하기도 한다. 피부에 수포나 농양 등을 형성하기도 하며 피부가 거칠어지고, 눈꼽이 끼며 질병이 오래 경과하게 되면 코나 발바닥이 이상하게 굳어져 딱딱하게 되고 디스템퍼의 말기에는 바이러스가 중추신경을 침입하여 보행실조, 마비, 경련 등의 신경증상을 나타나며 두부의 경련, 이빨을 딱딱 부딪치는 동작(Chewing convulsion)이 나타난다. 이는 디스템퍼의 전형적인 말기 증상이다.

바이러스성 질병은 아직 치료가 어려우며 예방이 앞서야 하는 질병이다. 치료하더라도 사망률이 50% 정도 되기 때문에 예방접종에 힘써야 한다.

일단 디스템퍼에 걸린 견은 즉시 다른 견과 격리시키고 수의사의 자문을 구하는 것이 좋다. 그리고 견사와 배변장 등에 퍼져 있을 바이러스를 박멸하기 위해 강력 살균 소독제를 이용한 충분한 소독으로 다른 견들에게 감염을 예방해야 한다.

그리고 대중요법으로 설사나 구토가 있을 때에는 손실된 체액을 보충해주기 위해 우선 절해질제나 수액제를 투여해주고 질병회복 촉진 및 식욕증진을 위해 대사 촉진제와 주사용 소화·식욕촉진제를 주사해 준다.

2차 세균감염 방지를 위해 광범위 항생제를 주사해주는 것이 좋고 보충식으로는 계란과 고기 등 고단백 식품을 공급하면 회복이 빠르다.

바이러스성 질병을 이기기 위해서는 무엇보다 질병에 걸린 견의 체력이 중요하므로 견의 안정을 유지하고 주인의 따뜻한 보살핌이 필수적이며 고단위의 영양공급이 요구된다.

디스템퍼의 예방주사는 어미 견으로부터의 면역이 없어지는 때나 건강 상태가 좋을 때를 택하여 대체로 생후 6~8주령에 개 전염병 종합백신인 DHPPL을 1차 접종하고, 10~12주에 2차 접종, 그리고 14~16주령에 3차 접종을 해야 하며 매년 1회 보강 접종을 해야 안심할 수 있다.

※ DHPPL은 D = Distemper(디스템퍼), H = Hepatitis(전염성 간염), P = Parainfluenza(인플루엔자), L = Leptospira(렙토스피라)를 의미한다.

• 파보 바이러스 감염증(Pavo virus: 전염성 장염)

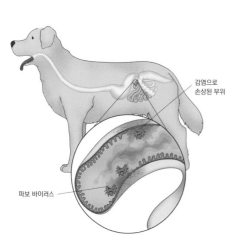

감염으로
손상된 부위

파보 바이러스

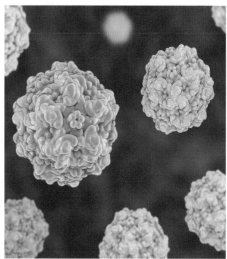

파보 바이러스 속의 개 파보 바이러스(Canine Parvovirus)가 원인체이며 개, 여우 등에 감염성이 높으며 감염된 개의 변을 통해 대량의 바이러스가 배출되며 접촉이나 경구쪽으로 전염이 이루어진다.

주요 증상은 출혈성 장염의 형태로 많이 나타난다. 전염력과 폐사율이 매우 높아 관심이 집중되는 질병으로 특히 어린 연령의 견 일수록 증상이 심하게 나타나며 극심한 구토와 설사가 따르므로 강아지에서는 치명적인 질병이다.

강아지의 경우 사망률이 70% 이상이며 성견은 30% 이상이다. 어린 견의 경우에는 체온이 40℃~41℃ 정도로 고온을 나타내고 노견에 있어서는 조금씩 체온이 상승하고 특이하게 어린 견은 갑자기 쇼크 증상과 같은 몸부림을 친다. 구토, 식음 전폐, 설사, 심한 탈수 등은 어린 견에서 빈번히 나타나는 증상이다. 변은 일반적으로 엷은 갈색, 노란 갈색을 띤다. 심한 경우 혈변을 배설하는 것이 이 병의 특징이며 심한 출혈을 할 때에는 회복이 어렵다.

심한 경우 쇼크 현상과 같이 2일을 넘기지 못하고 죽는 경우도 발생하고 만성 증상 시 4~5일간은 백혈구감소증이 나타나고 자견에서 심장기능이 현저히 저하된다.

주요 증상은 심장형과 장염형으로 나눌 수 있는데, 심장형의 경우 3~8주경의 어린 강아지에서 많이 나타나며 심근 괴사 및 심장마비로 급사하기 때문에 아주 건강하던 견이 별다른 증상 없이 갑자기 침울한 상태로 되어 급격히 폐사되는 것이 특징이다.

장염형의 경우 8~12주령의 강아지에서 다발하며, 구토를 일으키고 소장의 융모 기저부의 파괴로 악취가 나는 회색 설사나 혈액성 설사를 하며 급속히 쇠약해지고 식욕이 없어진다.

강아지의 경우 급속한 탈수로 인해 발병 24~48시간 안에 폐사되는 수가 많다.

파보 바이러스 감염증도 다른 바이러스성 질병과 마찬가지로 일단 발병되면 치료가 쉽지 않으며 철저한 예방을 해야 하는 질병이다.

강아지에서 심근형으로 왔을 때는 급사하기 때문에 치료가 불가능하며, 장염형으로 나타났을 때는 구토와 설사로 많은 체액이 손실되므로 지속적인 체액 공급이 필요하며 수액주사 또는 전해질 제제를 투여하는 것이 좋다. 장염형으로 폐사되는 대부분의 경우는 체액의 부족과 세균의 2차적 감염에 의한 것이기 때문에 설파제나 항균제를 주사해 주는 것이 좋다.

질병의 회복 촉진을 위해 대사촉진제, 식욕증진제를 주사해 주는 것이 효과적이며, 최선의 치료를 위해서는 수의사의 치료를 받는 것이 가장 현명한 방법이다.

파보 바이러스 감염증의 예방주사는 디스템퍼와 같이 종합백신인

DHPPL을 접종해주면 된다. 그리고 갓 태어난 강아지의 저항력을 높여주기 위해 DHPPL을 임신하기 2주 전에 접종해주는 것도 좋은 방법이며 3회 이상 예방접종 해도 예방이 안 되는 경우가 많은데 이는 견사나 훈련장 위생 시설이 나빠 계속 파보 바이러스에 노출되기 때문이다.

또한 코로나 바이러스와 합병되면 파보 발병이 더욱 극성스러워진다.

파보가 아주 극심한 지역에서 최대한 예방을 위해서는 16주령 될 때까지 2주 간격으로 계속 예방접종 하기도 한다. 단지 파보에만 중점을 둔다면 6주령부터 18주령까지 5~6회 이상 계속 2주 간격으로 파보 예방주사를 놓아야 한다. 그러나 경비, 노동력 문제가 있으니 환기, 건조 환경, 정기 소독 등 매일 배설물을 깨끗이 청소하여 예방할 수 있도록 한다.

• 전염성 간염(Infectious Hepatitis)

 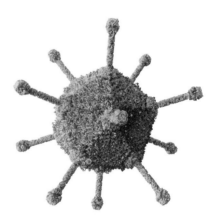

아데노 바이러스 속의 개 아데노 바이러스(Canine adenovirus)에 속하며 개 및 여우에 감염성이 높다. 디스템퍼처럼 공기전염이 아니고 병든 개의 배설물에 다량의 바이러스가 함유되어 있으며 접촉 또는 오염된 사료, 물 등으로 경구 감염에 의해 전파된다.

회복된 견일지라도 5~6주간 바이러스를 배출하고 디스템퍼와 매우 유사한 증상(발열, 식욕부진, 구토, 설사)을 나타내는 질병으로 강아지의 급사를 제외하고는 사망률이 15% 정도로 가벼운 질병에 속하는 편이다.

어린 견일수록 전염성이 강하여 급성 경과를 취하고 2주일 이내에 회복하거나 폐사 한다. 잠복기간은 4~9일이며 체온상승과 더불어 빈맥현상이 주증으로 나타나며 백혈구 감소증과 감정이 둔해지고 식욕부진과 결막염 유연 현상과 갈증을 느끼며 가끔 복부 통증을 나타낸다.

두부, 목, 몸통 등에 부종현상이 나타날 수 있고 혈액 응고 시간이 30분 정도로 길어지며 상처에 지혈이 되지 않고 출혈이 계속되는 현상을 볼 수 있다.

또한 황달현상도 나타나며 7일 정도 지나면 회복기에 들어가는데 이때 눈의 각막이 흐려지는 경우가 많으며 회복되면 자연히 맑아진다. 자견을 제외한 폐사율은 10% 이내이다.

호흡기형 간염은 호흡기도에 매우 친화성을 나타냄과 동시에 간 기능이 현저하게 저하되며 빈뇨, 단백뇨, 설사, 간질성 경련, 운동장애를 일으킨다.

병성이 약한 질병이기 때문에 치료가 대체로 쉬우며 견의 체력 보강과 소화·식욕촉진 주사를 해주면 좋다.

예방은 다른 전염성 질병과 같이 종합백신인 DHPPL을 접종하면 좋다.

- 파라 인플루엔자(Para Influensa: 전염성 감기)

 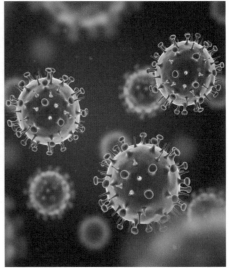

　파라 인플루엔자 바이러스는 견의 전염성 기관지염 또는 캔넬코프(기침감기)의 원인이 되며 세계적으로 확산되어 있는 전염성이 강한 호흡기 질환의 원인균이다.

　특히, 여러 마리를 함께 사육할 때 더욱 문제가 되며 발열, 기침과 체중 감소 현상이 뚜렷하다.

　원숭이·개·쥐·고양이 등에도 감염되며 사람에게도 감염될 위험이 있다. 전염력이 빨라서 여러 두수를 관리하는 경우 한 달 이내에 70~80%가 감염된다.

　열악한 환경일 때 더욱 심하며 특히 강아지에 잘 걸리고 감염 후 8~10일이면 호흡기를 통해 바이러스가 배출되어 공기 중에 떠돌다가 호흡기로 전파된다.

　증상은 눈 주위에 진물이 나고 마르며 거친 기침을 심하게 하고 점액성 콧물이 나며 점상 출혈이 합병으로 나타나 출혈하는 경우도 있고 인후염과 마이코 플라즈마와 복합되면 체온이 아주 심하게 높아진다.

파라 인플루엔자 단독 감염은 치명적이지 않지만 다른 세균들 또는 바이러스와 복합되면 증상이 오래 지속되고 7~8일 이상 지속되면 폐렴 증세를 보인다.

예방은 DHPPL 예방주사에 포함되어 있으나 생후 6~8주, 10~12주, 16~18주 사이에 3회 예방 접종한 후에 매 1년마다 1회 보강 접종하면 된다.

일반적인 복합 감기는 DHPPL 예방주사뿐만 아니라 캔넬코프(기침감기) 예방주사를 따로 추가해야 할 경우가 많다.

감염된 개체나 또는 새로 타지에서 구입한 견을 같이 모아 키울 경우 적어도 10일 전에 인플루엔자 예방접종을 하거나 주사 후 격리를 10여일 한 후에 합사해야 한다.

깨끗한 환경과 환기를 잘 시키는 것이 중요하고 해열제, 거담제, 항생제 투여로 증상을 낮출 수 있다.

폐사율이 5% 이하로 낮아 무시되기 쉬운 질병이지만 타 질병을 불러들일 가능성이 크고 도무지 체중이 늘지 않는 것이 문제가 되는 질병이다.

• 코로나 바이러스 감염증(Corona Virus Gastroenteritis)

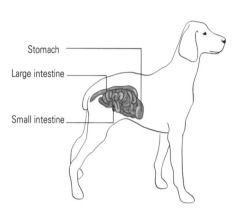

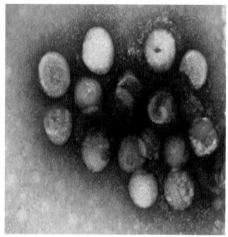

견 코로나 바이러스에 감염된 개가 배설한 변에 섞여 나온 바이러스가 견사 바닥이나 물, 사료 등에 오염되어 다른 견에게 전파된다. 견의 입으로 들어온 바이러스는 위를 통해서 작은 창자에 도달하여 작은 창자의 점막에서 증식하면서 독성물질을 분비하고 장점막을 파괴한다. 파보 바이러스 장염과 유사한 증세인 혈변, 구토, 식욕부진, 탈수 등으로 갑자기 죽는 경우가 대부분이고 DHPPL 접종 뒤 3주 간격으로 코로나 백신을 2회 정도 접종하면 매년 1~2회 접종해 주어야 한다.

파보 바이러스와 마찬가지로 위장관에 심한 손상을 주는 질병으로 지독한 변 냄새와 구토, 오렌지색 또는 황록색의 심한 설사, 탈수 등의 증세를 보인다. 7~10일 경과한 뒤 그냥 회복되기도 하나 폐사율도 무시할 수 없으므로 주의하여야 하며 병든 견의 변이나 접촉을 통해서 전염되므로 반드시 격리 수용하여야하고 파보 바이러스 합병증을 일으켰을 때 아주 심한 장염과 설사를 일으켜 폐사에까지 이르게 된다.

특히, 강아지의 작은창자 융모 상피 세포에 감염되어 증식하면서 융모 상피 세포를 파괴하여 수분 흡수 능력이 상실되면 계속 설사를 하게되며 이때 파괴된 융모 세포를 메우기 위해 작은창자 아래 부분에 있는 세포들이 빠르게 분열 증식하게 되고, 파보 바이러스는 이러한 세포에 잘 감염되기 때문에 쉽게 작은창자 아래 부분의 분열증인 세포에 감염, 광범위하게 소장 상피세포를 파괴하여 극심한 설사를 일으키게 되는 것이다.

코로나 바이러스 자체감염도 문제지만 파보 바이러스가 쉽게 감염하도록 도와주기 때문에 증상을 훨씬 심하게 악화시키는 것이 가장 곤란한 점이다.

어린 강아지에 구토, 설사가 심하다. 파보 바이러스보다는 증세가 약하며, 식욕이 없고 열이 있으며 침울한 모습을 보인다.

변은 액상이고 혈액과 점액이 섞여나오며 썩은 냄새와 탈수증세가 심하다.

작은 창자에는 수양성 녹황색 물질이 차있고 장간막 임파절은 충혈 되어 있다.

파보 바이러스와 비슷하며 제때에 예방접종을 하여 건강을 유지해주고 견사와 훈련장을 깨끗이 소독해 주어야 한다.

DHPPL에는 파보만 있기 때문에 코로나는 따로 예방 접종해야 하고 24시간 이상 절식시켜 생리적 식염수와 영양제 그리고 면역촉진제를 주사한다.

• 급성 기관지염(Kennel cough: 견 기침 감기증상)

아직 분명하게 그 원인이 밝혀진 것은 아니지만 현재까지 밝혀진 바로는 개 아데노 바이러스 2형(Canine adenovirus type 2)을 비롯한 견 허피스 바이러스(CHV), 견 파라 인플루엔자 바이러스, 개 레오바이러스 등과 2차적으로 보데텔라(Bordetella)균이 관여해서 일어나는 급성호흡기 질병으로 감염된 개의 뇨와 직접 접촉하거나 뇨에 오염된 물과 접촉했을 때 전염이 되며 전염력이 매우 강한 질병이다.

어린 강아지에게서 심한 증상을 나타내며 나이든 견에게도 감염이 된다. 수양성 콧물과 폭발적인 건성 기침이 특징적이며 연속적인 기침 후에 구토가 뒤따른다. 초기에는 발열 증상이 보이지 않다가 세균의 2차 감염이 이루어지면서 체온이 39℃~40℃까지 급속히 올라갔다가 정상화되며 세균에 의한 폐렴이 유발되기도 한다.

국내에도 백신이 수입되어 예방접종을 하고 있으나 바이러스가 관여하고 있기 때문에 항균제도 크게 효과를 보이지 못한다.

가장 최선의 치료법으로는 견의 체력 보강을 위해 영양가 높은 먹이를 급여하고 2차 감염예방 및 치료를 위해 광범위 항균제인 비타민 A, D를 주사하고 식욕촉진 및 대사촉진제를 주사해주는 것이 좋으며 수의사의 조언을 받는 것이 좋은 방법이다. 안정과 보온 가습도 필요하다.

• 렙토스피라(Leptospirosis)

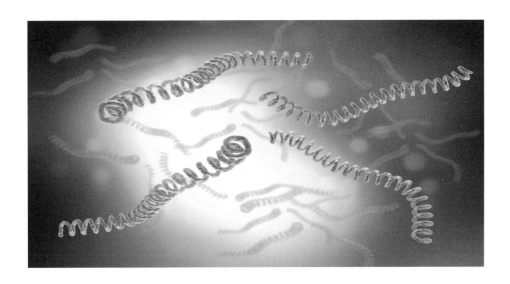

원인균은 렙토스피라 캐니콜라(Leptospira canicola) 또는 렙토스피라 익테로헤모레지(L. icterohaemorrhagia)이며, 견에서는 티푸스형과 황달형으로 나누어 진다.

주로 병든 견이나 쥐의 오줌에 의해 전파되며 병든 소, 돼지와의 접촉에 의해서도 전파된다.

그리고 창상, 감염, 경상, 점막을 통한 감염과 오염된 사료, 물 등의 섭식에 의한 경구로도 감염되고 교미 등을 통해서도 감염된다. 이 병은 고양이, 여우, 쥐, 토끼, 돼지에게도 전파된다.

특히, 주의해야 할 것은 사람에게도 감염되어 두통, 결막염, 황달, 유산 등을 일으키므로 철저하게 예방을 해야 한다.

1690년대에 유럽 특히 독일에서 많이 발생한 질병으로 돌연한 고열이나 오한, 황달이 주증상이며 항균제를 주사해주어야 한다.

이 질병은 유산을 일으키는 등의 증상을 보이며, 사람에게도 전파되어 비슷한 증상을 보인다. 암컷보다 수컷에서 많이 발생한다.

렙토스피라증의 주요 증상은 출혈형과 황달형으로 나눌 수 있으며 출혈형의 경우 41℃이상의 발열과 식욕부진 및 심한 구토가 일어나며 후지의 통증으로 경련 또는 다리를 절뚝거린다. 그리고 구강 점막에 궤양이 형성되고 피 섞인 설사를 일으키면서 체온이 떨어져 수일 내에 죽는다.

황달형의 경우도 비슷한 증상을 보이며 변비, 설사, 잇몸에 난반이 형성되고 입에서 악취가 난다. 특히, 간의 손상에 의해 황달 증상을 보이는 것이 특징이고 오줌량이 적고 짙은 황색이며 단백뇨가 나온다.

과거에는 치료가 어려운 병으로 알려졌으나 최근에 와서는 강력한 광범위 항균제가 개발되면서 쉽게 치료가 되고 있다. 그리고 증상의 경중에 따라 적당한 대증요법을 실시해야 효과적인 치료가 가능하며 수의사의 조언을 받는 것도 매우 좋은 방법이다.

보균견을 검출하여 격리 사육하고 중간 매개체인 쥐와의 접촉을 방지해야 한다.

예방을 위해서는 개 종합백신인 DHPPL 접종을 해주어야 하며 견이 불결한 곳에 코를 대고 냄새를 맡지 못하게 하고 아무것이나 주워 먹는 습관을 교정해야 한다.

예방접종명	기초 접종	접종 시기	접종 간격	추가 접종
혼합백신(DHPPL)	5회	생후 40일부터	2~4주	연1회
코로나장염 (Corona Virus)	2~3회			
전염성 기관지염 (Kennel Cough)	2~3회			
신종플루	2회			
곰팡이 백신	2회	생후 70일부터	2~4주	
광견병	1회	생후 90일부터	2~4주	
심장사상충예방	월 1회, 8주령부터			
외부기생충예방 및 구제	연중(옴, 벼룩, 진드기 예방) 월 1회 8주차부터			
	4~10월: 월 1회 / 10~2월: 2~3개월에 1회			

🐕 소화기병

- 위 염전

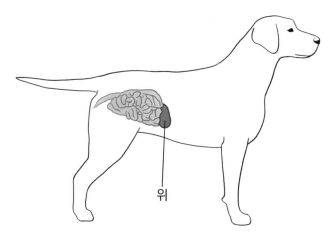

위

음식물을 먹은 후 심한 운동이 원인이고 위가 비틀리는 급성 질병이다. 원인이 많지만 그중 음식물을 지나치게 많이 먹어 위확장이 일어난 상태에서 운동을 하면 발생한다.

특히, 물기가 없는 음식물을 많이 먹고 다량의 물을 마시면 위 속에서 크게 부풀어 쉽게 급성 위 확장을 일으킨다. 이 상태에서 운동하면 대부분 시계가 도는 것처럼 위가 꼬이고 위 확장만으로도 주위의 혈관을 압박해 혈류가 나빠지고 여기에 위 염전까지 생기면 심장과 폐의 활동에도 영향을 미쳐 곧바로 치료하지 않으면 생명이 위험해질 수 있다.

배가 부풀어 오르고 침을 흘린다. 배 주위가 빠른 속도로 부풀어 오르면 횡격막에 압박을 주기 때문에 숨 쉬는 것이 힘들고 복통 때문에 견이 강한 불안감을 느끼면 배 만지는 것을 거부하고 토하려는 자세를 취하곤 하는데 아무것도 토해내지 못하고 침만 많이 흘린다. 이런 증세는 위 확장만으로도 일어나는데 여기에 위 염전까지 나타나면 증세가 더욱 심해져 견이 움직이거나 눕는 것을 거부한다.

증세가 급격하게 나타나는 것이 특징인데, 일반적으로 식후 3시간 이내에 발병한다.

위 염전은 특히 탐지견에 많이 발생하기 때문에 주의가 꼭 필요하고 위의 내용물을 토하게 한다.

위 확장인 경우에는 위에 카테테르(가는 관)를 넣고 위의 내용물을 토하게 하면 된다.

그러나 위 염전으로 위의 입구가 꼬이면 카테테르가 들어가지 않기 때문에 개복 수술을 해서 내용물을 제거한다.

위 확장과 위 염전을 방지하기 위해서는 음식물 주는 방법을 조심하여야 한다.

위 염전을 잘 일으키는 견은 한 번에 많은 양의 음식물을 주지 않고, 식후에는 곧바로 심한 운동을 시키지 않는다.

• 급성·만성 위염

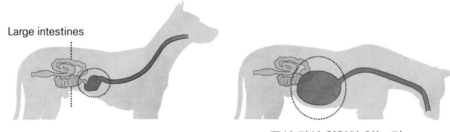

정상 위를 가진 견　　　　　급성·만성 위염이 있는 견

위 점막에 염증이 생기는 병이 위염이며, 이는 급격하게 진행되는 급성 위염과 장기간 염증이 지속되는 만성 위염으로 나눌 수 있다. 견의 경우 대부분 급성 위염이다. 부패한 음식물이나 물을 많이 먹고 마시면 발생한다.

그 밖에 과식, 플라스틱이나 나뭇조각 따위의 이물질을 먹거나, 농약 등의 화학물질을 핥으면 발병이 되고 이외에도 감염증, 음식물 알레르기 등이 원인이기도 하다.

만성 위염의 원인은 잘 알려져 있지 않지만 급성 위염과 같은 원인으로 일어나는데, 위에 대한 만성적인 부담으로 발생하는 경우도 있다. 요독증도 만성 위염과 관련이 있는 질병이다. 위 운동이 저하되거나 위의 출구가 어떤 원인으로 좁아지는 경우에도 위염이 생긴다. 급성위염은 대부분 구토로 시작한다. 반복적으로 구토하며 때로는 혈액이 뒤섞인 점액 물질을 토하기도 한다.

구토가 지속되면 탈수현상을 일으키고, 눈이 움푹 들어가며, 피부가 축 처지기도 한다.

특히, 부패한 음식물을 먹은 경우에는 구토와 함께 복통과 설사를 일으킨다. 위가 아프기 때문에 견은 배를 잡아당기거나 위 주위를 만지는 것을 싫어한다.

만성 위염은 그다지 눈에 띄는 증세가 나타나지 않는다. 식욕이 없고, 기운이 없어 보이고, 이따금 구토를 하는 등 증세가 뚜렷하지 않아 그냥 지나치고 마는 경우도 있다.

트림이나 구토를 반복적으로 할 때는 만성 위염일 가능성이 높기 때문에 주의한다.

이물질이 원인이면 약을 투약해 토해내게 하거나 설사약을 먹여 배설을 유도한다.

감염증이 원인이면 해당 감연증 치료를 하는 등 원인에 따라 치료 방법이 달라진다.

어떤 상태이든지 먼저 금식을 시키는 것이 필요하고 가벼운 증세는 금식만 시켜도 이틀 정도 지나면 평소대로 음식물을 먹을 수 있다.

위염을 예방하는 다섯 가지 포인트

1) 오래된 음식물을 주지 않는다.

2) toy나 나뭇조각 따위를 먹지 못하게 한다.

3) 먹다 남은 음식물은 빨리 치운다.

4) 약이나 살충제는 닿지 않는 곳에 보관한다.

5) 닭고기는 주면 안되고 통조림 사료는 밀폐 용기에 담아 보관한다.

뼈와 관절 병

• 고관절 및 뼈

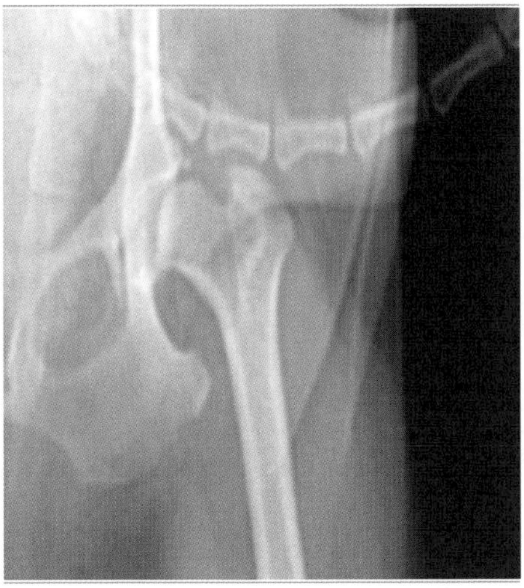
정상 고관절

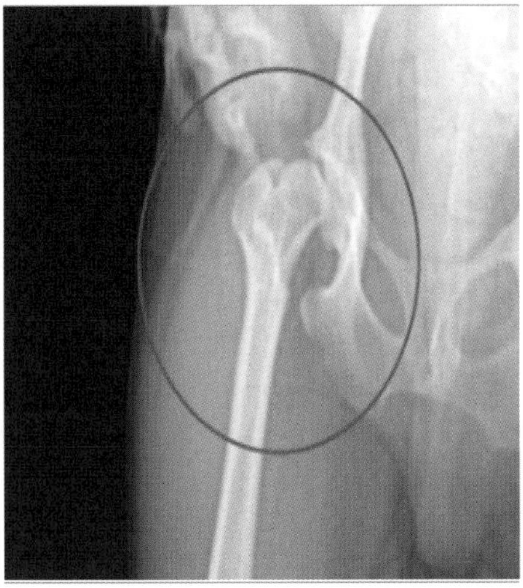
탈구 고관절

고관절은 골반의 절구 상태로 움푹 들어간 곳에 대퇴부 골두의 둥근 부분이 꽉 들어맞는 구조로 이루어져있고 이 때문에 다리를 자유롭게 움직일 수 있다.

그런데 골반의 움푹 들어간 곳이 얕거나 대퇴골두가 별로 둥글지 않은 경우가 있다. 그러면 관절이 완전히 어긋나거나(탈구), 쉽게 어긋나는 상태(아탈구)가 되고 이것을 고관절 형성부전이라고 한다.

고관절 형성부전의 원인 중 70%는 선천적인 뼈 발육의 이상, 30%는 환경적인 요인으로 본다. 환경적인 요인으로는 성장 시 표준 이상으로 체중이 증가하거나, 뼈의 성장과 함께 근육이 증가하지 않는 것 등을 들 수 있다.

생후 5~10개월까지는 두드러지는 증세가 없지만, 성장하면서 차츰 이상 증세가 나타난다. 초기에는 허리를 흔드는 것처럼 걷거나 안짱다리로 불안정하게 걷는다. 또는 토끼뜀을 뛰듯이 걷는 경우도 있으며, 산책을 비롯해 운동하는 것을 싫어한다.

병세가 진행되면 이런 증세가 두드러지는 것 외에도, 견이 운동 후에 발을 질질 끌거나 보폭이 줄어드는 현상을 보이며 앉아 있으려고만 한다. 통증이 있을 때는 제대로 서지 못하며, 서 있을 때 삐거덕거리는 소리를 내거나 주인이 고관절 만지는 것을 싫어한다.

증세가 가벼우면 운동을 제한하거나 체중 관리로도 가라앉힐 수 있다.

그러나 통증은 진통제와 항염증제로 치료해야 하고 통증이 심하고 보행 장애가 계속되는 경우에는 수술을 해야 하고 수술 방법은 다양하다.

일반적으로 골반과 대퇴골을 연결하는 근육이 긴장하면 통증이 생기기 때문에 이것을 제거하는 시술과 대퇴부 골두를 제거해 관절을 맞추는 시술을 한다. 단, 이 방법은 증세를 제거하기 위한 시술이기 때문에 나아졌다고 해도 재발 가능성이 있으며 재발 예방과 악화 방지를 위해서는 치료 후의 처치가 무엇보다 중요하고 점프나 회전 운동 같은 관절에 부담이 가는 운동은 피하고 관절에 부담을 주는 비만도 예방해야 한다.

🐎 내부 기생충

- 심장사상충(Heart Worm: 필라리아증)

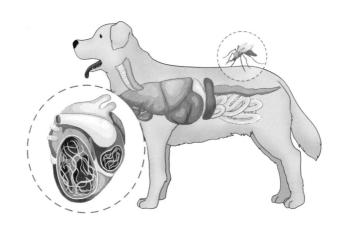

　모기에 의해서 감염되며 가늘고 둥근 모양으로 희고 길이는 13~60cm 나 된다.

　혈액 검사로써 진단할 수 있으며 치료 주사도 있으나 위험하다. 예방이 최선책이며 탐지견은 매달 초에 체중을 고려하여 심장사상충 예방약을 투여하고 있다. 국내에서 시판되는 약제로는 하트가드(Heart Gard) 등이 있으나 기본적으로 모기가 많은 지역을 피하고 모기장 등을 설치하여 모기에게 물리는 것을 막아줘야 한다. 일명 견 '사상충증'이라고도 하며 견의 심장부에 기생하는 성충의 수에 따라 증상이 나타나고 적은 수일 때는 특이하게 임상증상을 나타내지 않고 많은 수가 기생할 때는 심장이나 폐동맥을 차단시켜서 심장의 혈액순환 장애를 초래한다.

　필라리아에 감염되면 감염의 정도에 따라 다소 다르기는 하지만 평균 수명이 2/3에서 절반 단축되고 그만큼 치명적이다.

　심장사상충은 견의 심장에 기생하는 기생충이고 필라리아의 성충은 국

수 모양으로 길고 가느다란 벌레이다. 성충의 길이는 암컷이 약 25~35cm, 수컷이 약 15~25cm 가량까지 성장한다. 성충의 평균 수명은 약 6~7년이며 심장의 우심실과 폐동맥에 기생하고 유충은 혈액 속에 살고 있다. 유충은 태어난 견의 체내에서 제2기 유충 상태까지만 성장하고 제2기 유충의 수명은 약 3년가량이다.

성충이나 유충은 만성적으로 심장, 폐, 간장, 신장 등 전신의 장기에 부담을 주어 심장병, 알레르기성 폐렴, 간 부전, 신부전 등의 원인이 되어 수명을 단축시킨다.

심장사상충은 모기에 의해서 매개되며 필라리아를 매개하는 모기는 평균 기온이 약 15℃ 이상이 되면 활동을 시작한다. 모기는 필라리아 감염견으로부터 흡혈을 할 때에 유충을 함께 흡입한다. 그리고 흡입된 유충은 모기 속에서 껍질을 벗고 제3기 유충(감염 유충)이 된다. 이어서 다시 모기가 흡혈을 할 때에 감염 유충은 견의 몸속으로 들어가게 되고 견의 몸속에 들어간 유충은 전신의 피하나 근육 속에서 약 3개월 동안 발육하여 그 후에 심장 속으로 들어가서 성충이 된다. 감염 후 약 6개월이면 유충을 낳게 된다.

필라리아의 주요 증상은 목구멍에 무엇이 걸린 것과 같은 기침, 복수, 운동 불능, 돌연사 등이며 침해되어 있는 상태에 따라서 여러 가지로 다르다. 만성 상태인 경우, 초기에는 외견상으로 증상이 보이지 않고 중기가 되면 기침을 하게 된다. 말기에는 운동 중에 쓰러지거나 배가 부어오르거나(복수), 무증상에서 돌연사 하는 경우도 있다.

이와 같이 대부분의 경우는 무증상이지만 모르는 사이에 서서히 견의 몸을 잠식하여 증상이 나타났을 때는 이미 심장, 폐, 간장, 신장 등의 장해가 상당히 진행되어 있다.

식욕·원기가 없고 소변이 암적색일 경우는 구급을 요하고 만성상태에서 급성상태로 이행되면 급경하게 식욕과 원기가 떨어진다.

소변의 색깔이 짙어지거나 암적색으로 변하는 경우가 많고 급성상태가 되면 한시라도 빨리 수술하지 않으면 시간이 경과 할수록 사망률이 높아진다. 수술을 하지 않고 그대로 두면 3일에서 2주일이면 사망한다.

필라리아는 모기가 매개하므로 예방이 매우 중요하다. 모기에 물리는 것을 막는 것이 최선의 방법이며 방충망을 설치하고 견사 주변 모기를 퇴치하여야 한다. 성충이 되는 기간인 10~11월에는 모기를 완전히 구제하는 방법이 예방에 큰 효과를 나타낸다.

그리고 매달 1회 복용하는 심장사상충약(하트가드)이 예방에 매우 효과적이고 약의 타입에 따라서는 필라리아의 유충이 있는 상태에서 복용하면 강한 쇼크를 일으켜 사망하는 일도 있으므로 예방을 시작하기 전에는 반드시 혈액검사를 하여 유충의 유무를 확인한 다음 약을 먹이도록 한다. 이미 사상충에 걸렸다면 약을 사용해서 필라리아를 죽이는데 이때 죽은 필라리아가 폐동맥에 쌓일 위험이 있기 때문에 절대 안정을 취해야 한다. 급성 필라리아증일 경우에는 곧바로 수술해 필라리아를 떼어낸다.

🐕 귀병

• 외이염

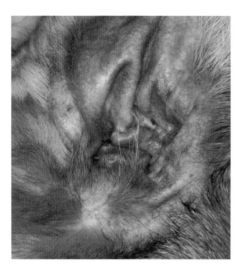

대부분 귀에 쌓인 귀지가 원인이다. 귀지는 외이도에 있는 분비선에서 나온 분비물, 외이도의 피부에 생기는 때, 밖에서 들어온 먼지 등이 뒤섞여 형성된다.

오래된 귀지는 자연스럽게 떨어지는데, 축 처진 귀 때문에 귓구멍의 통풍이 잘 되지 않으면 귀지가 축축해지며 쉽게 쌓이며 귀 안에 쌓인 귀지가 변질되면서 외이의 피부가 자극되거나 축축한 귀지에 세균이 번식해 염증이 생긴다.

외이염을 방치해 두면 염증이 만성적으로 진행되어 결국 중이로 염증이 번진다. 중이염이 되면 중이의 고실에 고름이 생기고, 그 고름으로 고막에 상처가 나거나 외이의 조직이 두꺼워져 외이도가 막히기도 한다. 이렇게 되면 귀가 잘 들리지 않게 되고 여기서 더 진행하면 염증이 내이까지 침투하는 경우도 있다.

내이의 반규관에 장애가 오면 평형감각을 잃으며, 더 악화되어 청각을 다스리는 신경까지 침투하는 경우에는 난청이 되기도 한다.

가려움증이 생기기 때문에 견이 자주 머리를 흔들고, 귀를 무언가에 비비며, 귓바퀴 뒤쪽을 발로 긁기도 한다.

이 질병이 진행되면 통증을 동반하기 때문에 견이 귀나 귀 주위 만지는 것을 몹시 싫어하고 또한 악취를 동반한 고름이 생겨 귀 주위에 있는 털이 지저분해진다.

세균감염이 되지 않은 경우에는 귀지를 깨끗이 제거하면 호전되기도 한다. 그러나 세균에 감염된 경우에는 항생제 연고를 발라주어야 하며 중이염은 처진 귀를 가졌거나(스프링거 스파니엘, 골든 리트리버 등), 외이도가 좁고 털이 많거나, 외이벽에 주름과 귀지가 많은 견에 자주 발생한다.

핸들러가 알아야 할 건강체크

• 체온을 재는 방법(체온계 사용법)

체온 체크 시 애견이 움직여도 부러질 염려가 없는 전자체온계를 사용하고 최소 핸들러 2명이 체온을 재야한다.

담당 핸들러는 탐지견에게 "괜찮아" 또는 "기다려", "옳지"와 함께 안아주면서 안정감을 주고 다른 핸들러는 견의 꼬리를 바싹 들어 올리고 체온계를 3~5cm 끼운다. 이때 견이 움직이지 않도록 잘 잡아줘야 한다.

- 대형견(셰퍼드, 마리노이즈, 리트리버 등): 37.5℃~38.6℃
- 소형견(스프링거 스파니엘 등): 38.6℃~39.2℃

탐지견의 체온은 항상 일정하지 않고 오전에는 낮아지고 오후에는 높아지며, 특히 훈련을 마친 후에는 체온이 한층 올라가므로 견이 건강한 상태, 일정한 시간에 체온을 파악해 두어야 한다. 체온이 평소보다 1℃ 정도 높거나 낮으면 어딘가 이상이 있다는 것을 암시하므로 잘 살펴보아야 하고 만약 체온이 40℃를 넘으면 위험한 상태이므로 곧바로 병원으로 이동 한다.

• 맥박을 재는 방법

견을 눕히고 뒷발을 들어올린다. 몸통과 다리가 연결되는 부분을 손으로 더듬으면 맥박 재는 곳을 찾을 수 있다. 그곳에 손을 대고 15초간 맥박수를 재고 그 수에 4를 곱하면 1분간의 맥박수를 알 수 있다.

- 대형견(셰퍼드, 마리노이즈, 리트리버 등): 40~50회/분

- 소형견(스프링거 스파니엘 등): 60~80회/분

열이 날 때나 심장, 호흡기에 질병이 있어도 맥박수가 증가하므로 평소 탐지견의 표준 맥박수를 측정해 두어야 한다. 뒷다리가 몸통과 연결되는 곳에 동맥이 있어 그 곳에 손을 대고 맥박수를 잰다.

• 체중 측정 방법

소형견의 체중 측정은 핸들러가 직접 견을 안고 체중계에 오른 뒤 나온 숫자에서 핸들러의 체중을 빼면 된다. 대형견의 경우 체중계에 견을 넣은 켄넬을 올려놓고 잰 숫자에 켄넬의 무게를 빼면 된다.

체중은 애견의 건강을 확인할 수 있는 기본 척도이다. 표준 제충보다 적거나 많이 나가면 병의 신호이므로 정기적으로 체중을 측정하고 체중 관리를 해야 견이 건강하게 능력을 발휘 할 수 있다.

• 호흡수를 재는 방법

맥박 측정과 마찬가지로 15초간 호흡수를 재고, 그 숫자에 4를 곱하면 1분간 호흡수가 된다. 견과 마주앉아 코끝으로 내쉬는 숨이나 가슴의 움직임으로 측정할 수 있으며 숨을 들이마셨다가 내쉬는 동작을 호흡수 1회로 한다.

- 대형견(세퍼드, 마리노이즈, 리트리버 등): 15회/분
- 소형견(스프링거 스파니엘 등): 20~30회/분

• 약을 먹이는 방법

알약은 견이 이동하지 못하게 견줄을 짧게 묶거나 구석에 앉힌 상태에서 입을 부드럽게 잡아 벌린 뒤, 입안 깊숙이 넣어주고 한손으로 입을 다문 상태로 가볍게 잡아주고 다른 손으로 삼킬 때까지 목 부분을 살살 쓰다듬어 주고 간혹 삼키지 않고 물고 있는 견도 있으니 잘 살펴봐야 한다.

가루약은 건식사료 또는 습식사료에 섞어서 주기도 하며 물약의 경우 견이 이동하지 못하게 고정시킨 상태에서 주사기를 이용하여 견의 송곳니 또는 어금니 위치에 넣어 천천히 주입한다. 필요에 따라 한손으로 입을 다문 상태로 가볍게 잡아 입이 위쪽 방향으로 향하게 하고 주입하면 투약이 편하다.

• 안약을 넣는 방법

점안약의 경우 견의 얼굴을 위쪽으로 향하게 한 뒤, 한 손으로 목덜미를 붙잡고 눈을 벌려 넣거나 핸들러 다리 사이에 견을 앉혀 다리와 손을 이용하여 견의 얼굴을 위쪽으로 고정시키고 눈을 벌려 넣는 방법이 있다.

연고의 경우는 아래쪽 눈꺼풀을 잡아당기고 그 안쪽에 선을 긋듯이 바른 후, 눈꺼풀을 눌러 천천히 덮고 가볍게 마사지 해 연고가 골고루 퍼지게 한다.

• 귀청소

따뜻한 물이나 오일로 적신 면봉을 이용하여 눈에 보위는 범위 내에서 귀지를 긁어낸다. 이때 귀 세정제를 사용하면 귓속 깊숙한 귀지를 쉽게 뺄 수 있다.

귓속에 몇 방울 떨어뜨린 후 귀를 가볍게 문지르고 면봉으로 부드럽게 닦아 주고 귓속에 털이 있으면 잡균이 번식하거나 오물이 쌓이므로 뽑거나 잘라낸다. 특히, 스프링거 스파니엘, 리트리버는 귀가 덮혀 있어 세균 번식이 쉽기 때문에 주 1회귀 청소해 주는게 좋다.

• 이 닦기

칫솔은 머리 부분이 작은 어린이용 칫솔을 사용한다. 견용 치약을 묻힌 칫솔을 잇몸에 수직으로 대고 원을 그리듯이 부드럽게 닦는다. 견용 치약을 묻힌 거즈를 손가락에 감아 이 표면을 문지르는 것도 방법이다.

치석이 생기면 이 질환의 원인이 되고, 탐지견으로써 훈련 및 급식에도 방해가 된다. 어릴 때부터 이 닦기에 익숙해지도록 한다.

• 발톱을 깎는 방법

엄지손가락으로 견의 발끝을 잡아 누르면 발톱이 앞으로 나와 쉽게 깎을 수 있다.

발톱이 검은색일 경우 혈관이 잘 보이지 않는다. 대강 눈짐작으로 깎을 수밖에 없다. 깎은 자리가 매끄럽지 않으면 더 깎아내고 만약 혈관 부분까지 깎아냈다면 지혈용 파우더를 발라준다.

발톱이 흰색일 경우 밝은 빛에 비추면 혈관이 보이므로 혈관 끝을 확인한 뒤 신경이나 혈관이 있는 부분이 다치지 않도록 앞쪽을 깎아준다.

 **상황별 응급처치**

• 골절

차에 부딪히거나 계단에서 떨어지는 등 큰 충격을 받고 견이 골절을 당하는 경우가 있다. 골절이 되면 그 부분이 변형되기 때문에 길이나 모양이 좌우대칭을 이루지 못하며 부러진 곳이 부어오르고 통증이 있기 때문에 몸 만지는 것을 싫어하며 다리뼈가 부러진 상태에서 견은 다리를 들어 올린 채 걷는다.

병원으로 데려갈 때는 몸을 움직이지 않게 하고 켄넬에 넣어 옮기고 염좌인(접지른 경우) 경우에는 신체에 변형이 오지는 않지만, 훈련을 그만두게 하고 한동안 상태를 지켜본다.

골절을 당한 부위가 움직이지 않도록 고정시키고 만약 골절 부위에 출혈이 있을 때는 압박 붕대로 지혈한 뒤 가제로 상처를 감고 견이 쇼크로 놀라지 않도록 목과 배에 팔을 둘러 가볍게 눌러준다.

골절 부위에 가제를 올려놓고 그 위에 부목을 댄다. 부목을 테이프나 붕대로 감아 고정 시킨 후 바로 병원으로 후송한다(이때 물어 뜯을 수도 있으니 머즐을 활용한다).

• 출혈

다른 견과 싸우거나, 유리나 끝이 뾰족한 물체에 찔리면 몸에 상처가 나고 피를 흘린다. 출혈이 있을 때는 먼저 어느 부위에 상처가 났는지 확인하고 긴 털에 가려져 있는 경우도 있기 때문에 털을 잘 제치면서 살펴봐야 한다.

그리고 출혈을 막기 위해 한동안 지혈을 하고 그래도 멈추지 않을 때는 가제를 놓고 붕대로 강하게 감는다.

출혈위치를 정확히 파악하고 가제로 지혈한 후 계속 출혈이 있을 시 상처에 가제를 대고 붕대로 감싸듯이 감고 붕대를 늘이면서 감아 나간다.

붕대로 다 감은 후에 반창고를 붙여 마무리하고 병원으로 후송한다.

• 열사병

환기가 되지 않는 밀폐된 차나 방 안에 견을 두고 장시간 방치하면 열사병에 걸린다. 호흡이 빨라지고, 침을 흘리며, 의식이 몽롱해지고, 휘청거리며 걸어 다니지 못하는 증세가 나타난다.

우선 견이 열사병 증세를 보인다면 가장 먼저 바람이 잘 통하는 장소로 옮겨줘야 한다. 만약 이동이 어렵다면 창문을 열거나 에어컨을 켜 두는 등 온도가 낮은 공기를 공급해줄 수 있는 여러 수단을 동원해야 한다. 견의 호흡이 체온을 낮추는 중요한 수단 중 하나이기 때문이다. 다음으로 물을 조금씩 뿌려주거나 적신 타월을 몸에 덮어주는 방법이 있다.

여기서 매우 중요한 것은 열사병에 대한 응급처치는 체온을 떨어뜨리는 것과 함께 수액 공급을 통한 환류 회복이 함께 이루어져야 하는데, 체온이 39.5℃까지 내려가면 더 이상 체온을 낮추는 행동을 멈춰야 한다는 것이다. 그 이후에는 오히려 쇼크에 의한 저체온증이 발생할 가능성이 있기 때문이다. 특히, 얼음물에 담그거나 몸에 알코올을 바르는 경우가 있는데 이럴 경우 말초혈관이 수축하게 되어 오히려 저체온증에 빠질 수 있다.

• 이물질을 먹었을 때

중독 증세를 일으키는 것을 먹었을 때는 소금물이나 옥시돌(약1.5~3.5%의 과산화수소 용액)을 입 끝에 조금씩 흘려 넣으면 토하기 시작한다. 화약약품을 먹었을 때는 식도에 상처가 날 우려가 있으므로 조심하고, 수의사에게 어떤 처치가 필요한지 미리 지시를 받는다.

탐지견은 특히 핸들러의 부주의로 훈련 중에 공, 터그를 삼키거나 관리 중에 견줄, 타월 등 삼키는 경우가 종종 있다. 이런 경우에 이물질 제거를 위해 구강을 확인하고 상황에 따라 인공호흡을 통한 응급처치와 빠른 병원 후송이 중요하다.

• 벌레물림

탐지견은 야외에서 훈련을 하거나 용변을 보는 경우가 많다. 특히 수색견은 산속에서 훈련을 하다보면 벌, 모기, 지네, 독나방, 진드기 등 위험한 곤충과 뱀에 물리거나 쏘이는 경우가 있고 일단 곤충에 물리면 물린 곳을 견이 핥거나 비벼서 그 부위기가 빨갛게 부어오른다.

견이 물렸다고 생각되면 먼저 물린 부위를 확인하고 벌에 쏘였을 때는 핀셋으로 침을 뽑아낸 다음 부어오른 곳을 얼음으로 찜질해준다.

또한 덤불이나 풀숲, 잔디밭이나 숲속에 들어갔다 나왔을 때는 반드시 견의 몸을 점검하고 빗질로 더러운 것을 털어내고 기생충과 그 알을 제거한다. 진드기나 발가락 사이에 벌레가 들어 있을 수도 있으므로 몸을 자세히 살펴본다.

기본적 응급처치가 끝나면 만약을 위해서라도 수의사에게 진료를 받는 것이 좋다.

• 쇼크 시 응급조치

견을 옆으로 눕혀 머리를 똑바로 한다. 기도에 공기가 잘 통하도록 견의 입을 벌려 혀를 잡아 빼내어 기도를 확보한다.

• 인공호흡법

① 옆으로 눕히고 견의 혀를 잡아 빼 기도를 확보한다.

② 양 손바닥으로 갈비뼈를 강하게 눌렀다가 바로 힘을 푼다. 이 동작을 반복하며 소형견은 손가락 끝으로 중형견은 손가락을 쥔 채로, 대형견은 손가락을 편 채로 한다.

③ 견의 코에 숨을 불어넣어 견이 스스로 숨을 쉴 때까지 반복한다.

• 심폐소생법

① 옆으로 눕히고 견의 혀를 잡아 빼 기도를 확보한다.

② 양 손바닥으로 심장을 강하게 눌렀다가 바로 풀어준다. 이 동작을 1초에 1회 실시한다.

③ 맥박이 되돌아 오지 않으면 심장압박과 인공호흡을 반복한다.

• 견 급식

견종, 건강 상태, 발육 정도, 훈련 시간 등을 기준으로 한다. 일반견은 자율 배식 또는 여러 횟수로 나눠 급식을 해야 소화기능 문제를 예방할 수 있지만, 경찰견은 중요 업무, 훈련, 출장, 신고 출동 등 불규칙적으로 운용해야 하는 상황이 많으므로 1일 1회 또는 1일 2회(오전·오후)로 실시할 수 있다(기관마다 상이).

• 견 운동

사역견의 경우 일을 하는 견이므로 일에 비례하여 운동량을 체크한다. 자전거 트레이닝, 산악 오르기, 런닝 트레이닝 등의 운동이 있으며 강도는 강하게 하는 것이 아니라 약에서 강으로 견에 맞게 실시하고 시간은 30분 내외로 한정한다(견은 자기 체력의 한계를 모르며 지치면 혓바닥이 길게 내려오기 때문에 핸들러는 이를 유심히 관찰한다).

• 견사 안에서 견과 대동 요령

견사 안에서 견을 대동하고 밖으로 나올 때는 항상 주의한다. 견사 안으로 들어가기 전 견줄과 초크체인의 이상유무를 확인하고 견사에 들어간 후 문을 걸어 잠그고 체인과 견줄을 차분하게 견목에 걸어준다. 착용이 잘 되었는지 2회 확인하고 견사에서 나가기 전에 핸들러는 문을 살짝 열고 주변에 견이나 위험요소가 없는지 체크 후 다른 견을 물지 않도록 견줄을 조금 짧게 잡고 안전하게 밖으로 나간다.

• 견이 풀렸을 때 행동요령

예상치 못한 상황에서 견이 핸들러 통제 밖으로 이탈하는 경우가 있다. 최초 목격자는 견이 풀렸음을 알리고 먹이 또는 보상물을 이용하여 자발적으로 견이 오게끔 유도하고, 오면 칭찬과 기호품을 줌으로써 안정감을 준다.

만약 견이 공격성향이 있다면 뛰어가 재빨리 잡으려고 하기보다는 자세를 낮추고 편안한 톤으로 견이 올 수 있도록 유도하고 보상품 또는 먹이를 주면서 차분하게 견줄을 채우고 이동한다.

평소에 견과 산책을 하면서 '와' 훈련을 많이 시켜주면 이런 상황에서 큰 사고를 방지할 수 있다.

• 견이 질병에 걸렸을 때 행동 요령

여러 견을 관리하는 견사는 전염성 높은 질병에 걸렸을 때 매우 위험하다.

우선 질병에 걸린 견은 반드시 환견실로 격리시킨다. 진료담당 핸들러는 곧바로 담당 수의사에게 문의 후 내원하여 진료, 필요시 입원 조치 시킨다.

다음으로 격리와 함께 중요한 것이 소독이며 견사에서 환견을 관리한다면 환견실에 출입 시 소독을 해야 한다. 또한 모든 견사에 있는 견을 밖으로 빼 소독을 실시하며 특히 배변장, 훈련장, 샤워장, 켄넬 특장 차량과 같은 공동으로 사용하는 시설에는 강력한 소독이 필요하다. 견식기, 물 식기도 세척 및 소독하며 위생사 및 시설 담당 핸들러는 소독이 더 필요한 장소가 있는지 확인한다.

　사람은 각자의 인생을 살아가고, 살아온 방식 살아가는 방식도 제각각이다. 탐지견 또한 마찬가지이다. 어떤 견은 집에서 반려견으로, 어떤 견은 사람을 도와주는 안내견으로, 어떤 견은 국가의 안전을 위해 특수목적견으로 살아간다.

　우연한 기회에 특수목적견 교과목 대학교 출강을 하게되면서 학생들이 참고할 만한 서책을 알아보았다. 특수목적견에 맞는 특화된 책이 없었던 터라 여러 정보를 알아보았는데 실무에서는 사용하지 않는, 혹은 실무에 맞지 않는, 정확한 훈련법이 아닌 온라인을 통한 정보만이 가득했다. 이러한 이유로 책을 내기로 결심을 했고, 출간하기까지 많은 고민을 했다.

　서책을 통해 과연 어떠한 정보를 정확하게 전달을 할 수 있을지가 의문이었다. 우리와 같은 사람, 즉 실무에서 이러한 훈련을 정식으로 하는 인원들을 만나보기란 매우 어렵고 드문 일이다. 현장에서만 알 수 있는 보다 정확한 정보를, 보다 많은 이들에게 알리기 위해 이 책을 썼다. 부디 이 책으로 탐지견 분야가 한층 더 발전하는 계기가 되었으면 한다.

　본 책에 소개되지 않은 복중 훈련 응용, 양성 훈련 응용, 전술 견 방위 훈련, 오프리드 훈련법 등 응용 양성에 관한 이야기들은 다음에 또 기회가 된다면 소개하고 싶다.

저자약력

"성공의 결과보다 실패의 과정을 먼저 배웠기에 지금의 내가 있듯이"

• 정성범

부천대학교 반려동물과 겸임교수

• 근무경력

2010.10 ~ 2019.02 서울경찰특공대 탐지견운용팀

2020.02 ~ 2024.02 인천경찰특공대 탐지견운용팀

• 수상경력

경찰청주관 전국경찰특공대 전술능력 평가대회

2012 년 제 6 회 폭발물탐지견분야 3 위

2015 년 제 9 회 사체수색, 인명구조견 분야 1 위

2022 년 제 16 회 폭발물탐지견분야 1 위

견을 빚는 사람들

초판발행	2024년 7월 31일
지은이	정성범
펴낸이	노 현
편 집	소다인
기획/마케팅	김한유
표지디자인	BEN STORY
제 작	고철민·김원표
펴낸곳	㈜피와이메이트
	서울특별시 금천구 가산디지털2로 53, 210호(가산동, 한라시그마밸리)
	등록 2014.2.12. 제2018-000080호
전 화	02)733-6771
f a x	02)736-4818
e-mail	pys@pybook.co.kr
homepage	www.pybook.co.kr
ISBN	979-11-6519-952-4 93490

copyright©정성범, 2024, Printed in Korea

정 가   22,000원

박영스토리는 박영사와 함께하는 브랜드입니다.